U0239462

"十三五"国家重点图书出版规划项目

中国特色畜禽遗传资源保护与利用丛书

湘 村 黑 猪

彭英林　杨文莲　主编

中国农业出版社

北　京

丛书编委会

主　　任　张延秋　王宗礼

副 主 任　吴常信　黄路生　时建忠　孙好勤　赵立山

委　　员（按姓氏笔画排序）

王宗礼　石　巍　田可川　芒　来　朱满兴

刘长春　孙好勤　李发弟　李俊雅　杨　宁

时建忠　吴常信　邹　奎　邹剑敏　张延秋

张胜利　张桂香　陈瑶生　周晓鹏　赵立山

姚新奎　郭永立　黄向阳　黄路生　颜景辰

潘玉春　薛运波　魏海军

执行委员　张桂香　黄向阳

本书编写人员

主　编　彭英林　杨文莲

副主编　朱　吉　谢菊兰　于福清

编　者　（按姓氏笔画排序）

于福清　王育群　邓　缘　朱　吉　刘　建

刘莹莹　李　红　杨文莲　张　星　陈　晨

龚召霞　崔清明　彭英林　彭善珍　谢菊兰

薛　明

审　稿　刘小红

　　我国是世界上畜禽遗传资源最为丰富的国家之一。多样化的地理生态环境、长期的自然选择和人工选育，造就了众多体型外貌各异、经济性状各具特色的畜禽遗传资源。入选《中国畜禽遗传资源志》的地方畜禽品种达 500 多个、自主培育品种达 100 多个，保护、利用好我国畜禽遗传资源是一项宏伟的事业。

　　国以农为本，农以种为先。习近平总书记高度重视种业的安全与发展问题，曾在多个场合反复强调，"要下决心把民族种业搞上去，抓紧培育具有自主知识产权的优良品种，从源头上保障国家粮食安全"。近年来，我国畜禽遗传资源保护与利用工作加快推进，成效斐然：完成了新中国成立以来第二次全国畜禽遗传资源调查；颁布实施了《中华人民共和国畜牧法》及配套规章；发布了国家级、省级畜禽遗传资源保护名录；资源保护条件能力建设不断提升，支持建设了一大批保种场、保护区和基因库；种质创制推陈出新，培育出一批生产性能优越、市场广泛认可的畜禽新品种和配套系，取得了显著的经济效益和社会效益，为畜牧业发展和农牧民脱贫增收作出了重要贡献。然而，目前我国系统、全面地介绍单一地方畜禽遗传资源的出版物极少，这与我国作为世界畜禽遗传资源大国的地位极不相称，不利于优良地方畜禽遗传资源的合理保护和科学开发利用，也不利于加快推进现代畜禽种业建设。

为普及对畜禽遗传资源保护与开发利用的技术指导，助力做大做强优势特色畜牧产业，抢占种质科技的战略制高点，在农业农村部种业管理司领导下，由全国畜牧总站策划、中国农业出版社出版了这套"中国特色畜禽遗传资源保护与利用丛书"。该丛书立足于全国畜禽遗传资源保护与利用工作的宏观布局，组织以国家畜禽遗传资源委员会专家、各地方畜禽品种保护与利用从业专家为主体的作者队伍，以每个畜禽品种作为独立分册，收集汇编了各品种在管、产、学、研、用等相关行业中积累形成的数据和资料，集中展现了畜禽遗传资源领域最新的科技知识、实践经验、技术进展与成果。该丛书覆盖面广、内容丰富、权威性高、实用性强，既可为加强畜禽遗传资源保护、促进资源开发利用、制定产业发展相关规划等提供科学依据，也可作为广大畜牧从业者、科研教学工作者的作业指导书和参考工具书，学术与实用价值兼备。

丛书编委会

2019 年 12 月

序言

　　我国是世界畜禽遗传资源大国，具有数量众多、各具特色的畜禽遗传资源。这些丰富的畜禽遗传资源是畜禽育种事业和畜牧业持续健康发展的物质基础，是国家食物安全和经济产业安全的重要保障。

　　随着经济社会的发展，人们对畜禽遗传资源认识的深入，特色畜禽遗传资源的保护与开发利用日益受到国家重视和全社会关注。切实做好畜禽遗传资源保护与利用，进一步发挥我国特色畜禽遗传资源在育种事业和畜牧业生产中的作用，还需要科学系统的技术支持。

　　"中国特色畜禽遗传资源保护与利用丛书"是一套系统总结、翔实阐述我国优良畜禽遗传资源的科技著作。丛书选取一批特性突出、研究深入、开发成效明显、对促进地方经济发展意义重大的地方畜禽品种和自主培育品种，以每个品种作为独立分册，系统全面地介绍了品种的历史渊源、特征特性、保种选育、营养需要、饲养管理、疫病防治、利用开发、品牌建设等内容，有些品种还附录了相关标准与技术规范、产业化开发模式等资料。丛书可为大专院校、科研单位和畜牧从业者提供有益学习和参考，对于进一步加强畜禽遗

1

传资源保护，促进资源可持续利用，加快现代畜禽种业建设，助力特色畜牧业发展等都具有重要价值。

中国科学院院士

中国农业大学教授 吴常信

2019 年 12 月

前言

　　湘村黑猪，是湖南省唯一通过国家畜禽新品种审定的具有自主知识产权的生猪新品种，母本桃源黑猪是湖南省地方猪种——湘西黑猪的一个优秀类群，是桃源县百姓经过数百年精心培育的地方优良种猪；父本杜洛克猪是美国古老的猪种之一，常被用作终端父本。作为以二者杂交后代为基础培育的湘村黑猪具有繁殖率高、护仔力强、饲料转化率高、适应性强、抗逆性强的特性，但在1999年后，由于资金紧缺和体制滞后等因素的影响，湘村黑猪没能得到很好地开发与利用，导致数量和血缘不断减少，至2004年仅存核心群种猪39头，血缘6个。

　　为将湘村黑猪这一优秀猪种得到更好地保护与开发利用，自2004年开始，湖南高科农业股份有限公司以"自主选育、自主推广，立足公司、面向社会"为宗旨，以常规育种技术为主导，以数量遗传学和分子生物学理论为指导，建立了闭锁繁殖、继代选育的育种体系，湘村黑猪的数量得到了快速增长。

　　作为"中国特色畜禽遗传资源保护与利用丛书"的分册，在对湘村黑猪开展资源调研、资料收集、科学研究及养殖技术研究等方面的基础上，本书全面、系统地介绍了湘村黑猪品种起源、品种特征、品种保护、营养需要、饲养管理、疫病防控及开发利用等，具有较强的实用性和可操作性。

本书写作团队是长期从事湘村黑猪研发、生产、管理和推广的科技人员，在编写过程中，尽管我们尽力全面再现湘村黑猪这一优秀猪种资源的历史、演变和发展，但由于水平有限，书中难免有错漏和不妥之处，恳请各位同行、专家和广大读者批评指正。

编　者

2019 年 12 月

目录

第一章
湘村黑猪品种起源与形成过程

湘村黑猪，原名湖南黑猪，是采用杂交育种方法有计划培育的瘦肉型猪新品种，其母本基础群由桃源黑猪母猪组建，父本亲本来源于美系杜洛克公猪精液组建的基因库，经杂交合成杜桃 F_1，并同时引入血统与之完全一致的 2 头湖南黑猪公猪组建 0 世代育种核心群，历经 5 个世代选育而育成（彩图 1 和彩图 2）。

第一节　湘村黑猪品种的起源

湘村黑猪含 50% 的杜洛克和 50% 的桃源黑猪血缘，于 2012 年 8 月通过国家畜禽遗传资源委员会审定（证书编号：农 01 新品种证字第 20 号），是湖南省目前唯一通过国家畜禽新品种审定的具有自主知识产权的生猪新品种。

一、桃源黑猪（母本）

桃源黑猪是湖南地方猪种湘西黑猪中的一个优秀类群，原产于桃源县的车湖垸、青林、枫树和陬市等乡镇，尤以车湖垸乡延泉村所产为最优，故而俗称"延泉黑猪"，是桃源县人民经过数百年精心培育的地方良种猪。据《桃源县志》记载，早在明隆庆年间，车湖垸一带民间广泛流传"金丹洲（指常德当时盛产柑橘）、银木塘（指桃源木塘垸盛产棉花），比不上延泉养猪娘"的民谚，清《桃源县志》（1820 年）记载："插湖田、养母猪、黑母猪家家有。"但桃源黑猪的来源尚无完整的历史资料记载，其形成与所在产区独特的自然环境应该有密切关系。桃源黑猪主产区位于洞庭湖平原西缘的沅水河畔，地势平坦，土壤以沙质为主，饲料来源丰富，野菜野草充足，群众有沿堤、河洲放牧的习惯，同时又注意选育，每产一窝仔猪，就留下 1～2 头"嘴长大，奶头多，骨粗，稀毛鱼尾，腰硬身健"的仔猪做后备种猪。

桃源黑猪属于肉脂兼用型猪种，具有耐粗饲、性成熟早、繁殖性能好、适应性强、肉质细腻、体型紧凑等优点，是宝贵的地方猪种资源。产区农民习惯以野草等青饲料加大量米糠、酒糟等饲喂猪，饲养管理粗放。人们白天将猪放在外面，晚上将猪关在家里，因而桃源黑猪对环境适应性很强，表现了较强的抗逆性，不易感染传染病。特别是对仔猪黄、白痢等常见猪病，表现出较强的抗病力，桃源黑猪肉是优质的无公害食品，且肉质优良，加工成腌、腊制品具有特殊风味，符合现代都市人的消费理念，在市场上具有很强的竞争潜力。

桃源黑猪保种场始建于 1979 年，位于湖南省桃源县青堤乡古堤村，前身是桃源县延泉黑猪繁殖场（即畜禽良种场），上级主管部门是桃源县畜牧水产局，承担桃源黑猪的保种和提纯复壮工作，有保种和利用计划。至 2017 年底，保种场核心群 238 头，其中经产母猪 172 头，后备猪 66 头，公猪 20 头（6 个家系）；保种区 5 个，存栏基础群母猪 600 头，核心群母猪 120 头，后备母猪 60 头。

二、杜洛克猪（父本）

杜洛克猪是美国古老的猪种之一，它的起源可以追溯到 1493 年哥伦布远航美洲时，他首次将原产于西非海岸几内亚等国家的 8 头红毛猪运至美洲大陆处女地。由于历史原因，美国东北部素有饲养红毛猪的习俗，并在 19 世纪上半叶形成三个种群，一是产于新泽西州的泽西红，二是纽约州的红毛杜洛克，三是康涅狄格州的红毛巴克夏，育种家 Ensign 用康涅狄格州的红毛巴克夏与纽约州的红毛杜洛克杂交，大大地改进了杜洛克猪的品质，留下不少优秀后代并形成了种群。

1872 年泽西红和杜洛克被美国养猪育种协会正式承认，并逐渐合二为一，1883 年正式合并为杜洛克-泽西猪，后来简称为杜洛克猪。

杜洛克猪对世界养猪生产的最大贡献是被用作近代大宗商品猪的主要杂交亲本，尤其是终端父本。杜洛克猪的杂交后代在多数场合中都能表现出最优的日增重和料重比，其胴体品质和适应性亦名列前茅。杜洛克猪最早由许振英教授于 1936 年引入我国进行杂交观察。中华人民共和国成立后，1972 年美国总统尼克松访华时，首次送给我国纯种杜洛克猪（公、母猪各 1 头），饲养在河南息县外贸饲养场。1978 年广东从英国引入，1981 年日本友人送给我国 10 头，后又陆续引入，目前我国各地均饲养该猪种。

杜洛克猪属瘦肉型猪种，引入我国经过多年驯化饲养，体质结实，生活力强，生长快，瘦肉多，饲料利用率高，杂交利用效果好，对我国商品瘦肉猪的发展起了推动作用。

第二节　湘村黑猪品种的形成过程

一、培育过程

"八五"和"九五"期间，为更好地开发与利用桃源黑猪这一优质猪种资源，在湖南省科学技术委员会重点科技攻关项目的立项支持下，桃源县畜禽原种场和湖南省畜牧局开展了"新桃源猪"选育研究工作。其选育成果达到了国内同类研究（含 50％本地猪血缘选育的新品种）的领先水平，其中产仔数、肉质达到了国际先进水平（湘科鉴字〔1997〕第 139 号）。

为了贯彻、执行《种畜禽管理条例》，进一步促进"新桃源猪"的规范化生产，1999 年由湖南省畜禽品种审定委员会对"新桃源猪"予以品种审定，并命名为湖南黑猪。但在 1999 年后，由于资金紧缺和体制滞后等因素影响，桃源县畜禽原种场没能很好地开发与利用该项成果，导致湖南黑猪数量和血缘减少，至 2004 年仅存核心群种猪 39 头，血缘 6 个，保种工作步入了艰难境地。

为打破旧局面，开拓新发展，自 2004 年以来，新的一轮选育工作开启，以"自主选育、自主推广，立足公司、面向社会"为宗旨，以常规育种技术为主导，以数量遗传学和分子生物学理论为指导，建立闭锁繁殖、继代选育的育种体系。在桃源黑猪保护区调查的基础上，选取有广泛血缘来源的、产仔数在 14 头以上的桃源黑猪的经产母猪与桃源黑猪的保种公猪交配，从中选择断奶仔母猪进行培育。2005 年再从该培育群中选择了 59 头后备母猪组成育种亲本基础群。同时，引进了 10 头不同血缘关系的、高性能的美系杜洛克原种公猪的精液组成了亲本基因库。在杂交合成的杜桃 F_1（0 世代）的基础上，又选择了无亲缘关系的 2 头湖南黑猪公猪（桃源黑猪 50％、杜洛克猪 50％）与基因

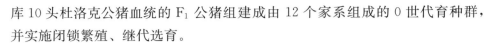
库 10 头杜洛克公猪血统的 F_1 公猪组建成由 12 个家系组成的 0 世代育种群，并实施闭锁繁殖、继代选育。

二、培育时间

自 2004 年至 2011 年，选育历时 8 年，其过程大致分为 3 个阶段：

1. 亲本群组建阶段（2004 年 8 月至 2005 年 10 月）　该方案自 2004 年 8 月付诸实施。当年 8 月，在桃源黑猪保护区进行调查和选择，于 10 月开始，选择高繁殖力的桃源黑猪母猪与桃源黑猪保种公猪交配，从该群母猪中选择断奶仔母猪进行培育，从育成的后备母猪群中选择了 59 头，组成了育种亲本基础群。

2. 杂交合成阶段（2005 年 11 月至 2006 年 11 月）　2005 年 11 月选择杜洛克公猪与桃源黑猪母猪进行杂交，2006 年获 F_1，即 2006 年春季产出 F_1 自群繁育群（0 世代）。2006 年 4 月至 2006 年 10 月组建 0 世代，11 月进入选配阶段。

3. 横交固定与扩繁阶段（2006 年 11 月至 2011 年 11 月）　2006—2011 年建立 5 个世代猪群：2006—2007 年建立 1 世代；2007—2008 年建立 2 世代；2008—2009 年建立 3 世代；2009—2010 年建立 4 世代；2010—2011 年建立 5 世代。

三、培育方案

（一）基础群组建及育种群的亲本血缘含量

从原产地桃源县桃源黑猪保护区的产仔数 14 头以上的经产母猪同窝仔猪中选择仔母猪培育，再从中选取了具有较广泛血缘来源的 59 头后备母猪组成了育种亲本基础群。以来自湖南天心原种场于 2005 年从美国引进的美系杜洛克原种公猪和湖南网岭监狱种猪场引自安徽省家畜育种站原种场的美系杜洛克原种一代公猪等高性能的、不同血缘的 10 个家系的 10 头公猪的精液组成育种亲本基因库。在亲本血缘上，来自天心原种场的 8 头公猪除 1 头系半同胞交配的个体，其近交系数为 0.25 以外，其他均无亲缘关系。

该基因库的精液按家系分组，采用人工授精方式，分别与按血缘分组的亲本群母猪杂交，其 F_1 代组成湘村黑猪选育 0 世代。0 世代的各家系的系

4

祖公猪和母猪间尽可能地保持无亲缘关系，使群体血缘广阔、基因型丰富，以充分利用基因重组提高有利基因出现的概率，避免了因近交造成的不良后果。在杜桃 F_1 自繁群的基础上，再引入湖南黑猪 2 个家系的 2 头公猪，从而使育种群保持 12 个家系，而且杜洛克猪和桃源黑猪各占整个群体亲本血缘 50%。

在此，值得指出的是，湘村黑猪与湖南黑猪两者的关系只是事实上的品牌与渊源关系，而不是血缘继承上的关系。

（二）培育模式及过程

湘村黑猪的培育模式及过程见图 1-1。F_1 自群闭锁繁殖，在 F_2 对公母猪进行了毛色测交试验，剔除其子代产生毛色分离的公母猪个体，开始下一世代的繁育，为湘村黑猪黑色毛基因的纯合奠定了基础。

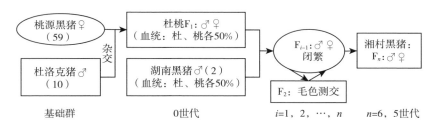

图 1-1　湘村黑猪培育模式及过程

1. 群体继代与选配制度　在选育过程中，始终运用数量遗传理论指导，实施闭锁繁育，群体继代，初胎留种，一年完成一个世代。实施更迭性配种制度，以世代为轮次，一家系公猪只与另一家系母猪交配，一世代一轮换，这样既避免了近交增量快速提高，又确保了基因型杂合度的稳定维持，从而使种群的生活力不因近交而减弱。保持公猪血缘，将表现型优良的公猪作为家系承载者，使其优良性状在后代群体中得以遗传和充分扩展，通过个体选择和群体繁育，使选择的性状得以改进和提高。例如，胴体瘦肉率通过 5 个世代的选择，5 世代比 0 世代提高了 3.08 个百分点，平均每个世代提高 0.62 个百分点。

2. 运用综合选择指数选种　依据 6 月龄日增重（P_1）和以 6 月龄体重、体高、体长、胸围、腹围、腿臀围、三点背膘厚度（采用笔式测膘尺进行测量，测定部位为肩胛后缘、最后肋和髋结节前缘三点距背中线 3～5 cm，3 指处）等表型值估测的胴体瘦肉率（P_2）2 个性状，结合性状遗传力参数和相对经济重要性，制定综合选择指数 $I=0.117\,9P_1+0.942\,7P_2$。将该综合选择指数作为选种因素之一，对 6 月龄后备猪进行个体选择。

3. 以个体选择为主，结合同胞测定进行综合评定　选育的每个世代都开展了同胞育肥性能测定和胴体品质测定。利用同期对比，综合评定供选个体。在进行测定的同时也检验了各世代的选择效果。世代间的同胞测定结果表明，日增重、料重比、胴体瘦肉率随世代的进展均有明显的遗传改进。0～4 世代生长后备公猪的生长发育及同胞生长育肥的测定数量及按家系的分布如表 1-1 所示。

表 1-1　后备公猪生长发育及同胞生长育肥性能测定的数量及分布

测定类别		后备公猪生长发育测定（头）					同胞生长育肥性能测定（头）				
世代		0	1	2	3	4	0	1	2	3	4
家系	1	6	3	4	4	5	6	9	10	7	10
	2	5	5	8	4	6	5	10	11	9	11
	3	6	3	7	4	5	6	9	11	10	10
	4	6	4	3	3	4	7	9	11	8	9
	5	5	4	3	4	8	6	9	10	8	10
	6	6	4	3	5	5	6	12	9	8	11
	7	5	6	5	4	5	5	10	12	10	9
	8	5	4	4	4	6	7	10	11	8	12
	9	6	3	3	3	6	6	9	10	10	9
	10	7	4	4	2	5	7	11	11	8	11
	11	0	3	5	4	5	0	9	12	9	10
	12	0	3	5	5	5	0	9	13	10	13
合计		57	46	52	43	65	61	119	129	107	125

4. 选种及选种程序、选择强度　实施三选制选种，经过窝内初选、生长培育再选和生长后备期测定后定选这一选种程序：①于 7～14 日龄，对同窝仔猪具有畸形、疝气、毛色严重分离等遗传缺陷者，仔公猪均于产房去势，仔母猪也列入非种用记录；②在体重为 50～70 kg 时，对同窝中体型外貌、生长发育较好的育成生长猪进行选留（不少于 1 公 2 母），做进一步测定观察；③逐一计算 6 月龄测定群个体的选择指数并排序，而后结合同胞测

定、现场鉴定和家系血缘进行配种前选择。公、母世代间留种量和留种率如表 1-2 所示。

表 1-2　湘村黑猪世代间的留种量与留种率

类别		70 日龄进入 6 月龄后备群						6 月龄进入核心群					
世代		0	1	2	3	4	5	0	1	2	3	4	5
头数（头）	公	57	46	52	43	65	59	10	12	12	12	12	12
	母	231	209	235	236	267	287	116	120	121	123	131	154
比率（%）	公	11.80	10.18	10.12	7.89	10.22	9.19	17.54	26.09	23.08	27.91	18.46	20.34
	母	36.96	32.76	43.44	41.62	43.06	44.43	50.22	57.42	51.49	52.12	49.06	53.66

注：6 月龄公猪留种率是按每个家系 1 头主配公猪计算的。

第 4 世代育种核心群有家系 12 个，公猪 26 头、母猪 131 头；第 5 世代育种核心群有家系 12 个，公猪 24 头、母猪 154 头。种群结构及容量见表 1-3。

表 1-3　湘村黑猪 4 世代和 5 世代核心群血缘构成及种群容量（头）

世代	性别	家系												合计
		1	2	3	4	5	6	7	8	9	10	11	12	
4	公	2	2	2	2	2	3	2	2	2	2	2	2	26
	母	10	13	11	12	11	11	12	10	11	9	11	10	131
5	公	2	2	2	2	2	2	2	2	2	2	2	2	24
	母	12	12	13	13	14	15	15	12	15	12	12	12	154

注：每个家系只选定 1 头主配公猪，此外为辅配公猪。

5. 利用世代重叠，提高优良基因在群体中的频率　在遵循群体继代、适度世代重叠原则的基础上，采取基本避开全同胞、半同胞的不完全随机交配，实施闭锁繁育。而利用世代重叠以充分扩展优良基因在群体中的频率，在具体操作上严格控制重叠母猪数（不超过群体数量的 15%）。这样既不影响世代进度，又加速了被选育性状的遗传改进，同时也控制了近交速率，取得了很好的效果。

6. 毛色测交　湘村黑猪选育目标的毛色是黑色。由于亲本中的父本毛色是棕红或棕黄色，母本毛色是黑色，因此杂交合成的 F_1 代自群繁育时发生毛色分离。对 F_1 代 1 206 头仔猪的毛色统计分析表明，其中黑色毛个体占

68.49%，棕红、棕黄色毛个体占 20.32%，隐条色毛（随着日龄增大而逐渐消退和消失）的个体占 11.19%。只留种黑色毛仔猪，其他毛色的仔猪均被淘汰。再在 F_2 代自群繁育的同时，进行毛色测交试验：①组配，18 头黑毛公猪与配 52 头棕红、黄毛母猪，4 头棕红、黄毛公猪与配 66 头黑毛母猪；②根据测交试验结果，留种 10 头黑毛公猪、36 头黑毛母猪。

第二章

湘村黑猪品种特征和性能

第一节　湘村黑猪体型外貌

　　湘村黑猪被毛黑色，体质紧凑结实，背腰平直，胸宽深，腹不下垂，腿臀较丰满。头大小适中，额宽中等，面微凹，鼻梁直，耳中等大、微耸前倾，四肢粗壮，蹄质结实。乳头细长，排列匀称，有效乳头12个以上。

　　12月龄公猪体重、体高、体宽和体长分别为145.73 kg、78.67 cm、43.89 cm和138.77 cm，母猪相应为167.56 kg、69.21 cm、39.27 cm和130.77 cm；24月龄公猪体重、体高、体宽和体长分别为262.74 kg、86.14 cm、57.98 cm和156.05 cm，母猪相应为187.38 kg、84.99 cm、55.72 cm和154.43 cm。这些指标反映了湘村黑猪具有较大的体型指数，而且随着年龄增长，公猪体型指数显著提高（表2-1）。

表2-1　湘村黑猪成年种猪的体重和体尺

月龄	性别	头数	体重 (kg)	体高 (cm)	体宽 (cm)	体长 (cm)	胸围 (cm)	腹围 (cm)	腿臀围 (cm)
12	公	47	145.73±2.16	78.67±0.76	43.89±0.62	138.77±1.61	128.79±1.18	124.26±1.13	99.38±1.04
	母	226	167.56±1.09	69.21±0.44	39.27±0.26	130.77±0.76	130.49±0.57	134.35±0.73	102.6±0.65
24	公	23	262.74±2.03	86.14±1.51	57.98±0.82	156.05±1.98	165.17±1.85	167.1±1.38	138.8±3.13
	母	179	187.38±1.25	84.99±0.45	55.72±0.36	154.43±0.82	153.74±0.47	163.19±0.84	121.83±0.59

第二节　湘村黑猪生物学特性

一、繁殖率高，护仔力强

湘村黑猪公猪4月龄开始有爬跨行为，成年公猪射精量150～300 mL。母猪初情期为5月龄左右，发情规律，发情周期一般为21 d，适宜初配期为7月龄左右、体重90 kg以上，发情持续期3～5 d，静立反应非常明显，妊娠期平均114 d。

猪是常年发情的多胎高产动物，湘村黑猪成年母猪每年可产2.2～2.4胎，平均每胎产仔10头以上。母猪母性好，护仔性能强。若缩短哺乳期，在给母猪注射激素的情况下，可以达到2年5胎。产仔数多，经产母猪平均1胎产11头以上。可见，繁殖潜力很大。

二、食性广，饲料转化率高

猪是杂食动物，消化道长，消化速度极快，能消化大量的饲料，用于满足其迅速生长发育的营养需要。湘村黑猪食性广，耐粗饲，对精饲料的转化率较高，有机物消化率为76.7%，青草消化率64.6%，饲料转化率0～30 kg阶段为2.58：1、30～60 kg阶段为2.97：1、60～90 kg阶段为3.6：1。

三、适应性强，抗逆性强

湘村黑猪对自然地理、气候等条件的适应性强，主要表现对寒暑气候的适应，湘村黑猪对当地环境适应性强。娄底地区1—2月气温有时在0℃以下，相对湿度为80%左右，湘村黑猪在这种低温高湿的环境下，栏舍内即使不铺垫稻草，亦少出现感冒或冻伤现象。7—8月在35～38℃高温下，湘村黑猪亦能耐受。此外，湘村黑猪对饲料多样性的适应、对饲养方法和方式（自由采食和限喂，舍饲与放牧）的适应，也是它们被迅速推广的主要原因之一。

四、定居漫游，群居位次明显

湘村黑猪喜群居，同一小群或同窝仔猪间能和睦相处，但不同窝或群的猪新合到一起就会相互撕咬，并按来源分小群躺卧，几日后才能形成一个有次序的群体。在猪群内，位次关系会按体质强弱建立，体质强的排在前面，稍弱的排在后面，依次形成固定的位次关系。若猪群过大，位次关系就难以建立，相互争斗频繁，影响采食和休息。

第三节　湘村黑猪生产性能

一、繁殖性能

在正常饲养条件下，窝产活仔数初产母猪 10 头（8～12 头），经产母猪 12.5 头（10～15 头）；21 日龄窝重初产母猪 40 kg（35～45 kg），经产母猪 50 kg（40～60 kg）；21 日龄育成仔数初产母猪 9.5 头（7.5～11.5 头），经产母猪 12 头（9.5～14.5 头）。湘村黑猪不同胎次、不同年份繁殖性能统计结果见表 2-2、表 2-3，不同年份育成率统计结果见表 2-4。

表 2-2　湘村黑猪不同胎次繁殖性能统计结果

胎次	统计窝数	总产仔数（头）	产活仔数（头）	21 日龄窝重（kg）	断奶日龄（d）	断奶仔数（头）
1	538	11.01±2.14	10.37±1.72	44.58±2.24	28.94±2.68	9.72±4.58
2	490	11.82±1.88	11.13±2.02	48.37±2.45	28.55±2.86	10.41±3.78
3	478	12.03±2.3	11.32±2.47	49.41±1.61	27.18±3.24	10.66±4.68
4	422	13.11±2.04	12.41±2.5	52.88±1.94	27.01±2.63	11.65±4.59
5	386	13.18±2.5	12.42±2.55	54.34±2.07	27.34±2.63	11.78±4.08
6	371	13.64±2.36	12.85±1.68	54.66±1.91	27.48±3.22	12.16±4.47
7	355	14.51±2.16	13.89±2.68	60.85±1.94	27.54±2.93	13.18±4.4
8	319	14.88±1.87	14.27±2.37	61.1±2.61	27.48±3.37	13.47±4.24
9	252	12.71±2.5	12.02±2.43	52.74±2.27	27.89±2.95	11.39±3.85

表 2-3　湘村黑猪不同年份繁殖性能统计结果

年份	统计窝数	总产仔数（头）	产活仔数（头）	初生窝重（kg）	21 日龄窝重（kg）
2008	152	11.87±3.03	9.78±2.82	10.84±3.29	40.25±7.57
2009	221	11.62±2.75	9.92±3.11	11.23±2.85	39.94±7.05
2010	235	11.85±2.73	9.39±2.33	10.05±2.12	38.7±6.58
2011	286	11.77±2.56	9.72±2.28	11.45±3.03	40.89±5.27
2012	283	11.96±2.61	9.34±2.16	9.59±2.63	39.41±7.2
2013	291	12.03±2.52	10.53±2.29	12.53±2.51	45.53±5.24

表 2-4 湘村黑猪不同年份育成率统计结果（%）

年份	断奶存活率	保育期育成率	育肥期育成率
2011	93.52	96.33	97.63
2012	94.03	95.97	97.64
2013	93.98	96.03	97.66
2014	93.63	96.17	97.71
2015	93.58	95.65	97.87
2016	94.28	96.41	97.06

二、生长性能

对 5 世代 6 月龄群体测定，公猪和母猪体重、体高、体宽、体长分别为 82.22 kg、65.22 cm、34.83 cm、112.37 cm 和 86.85 kg、63.6 cm、34.05 cm、120.08 cm。12 月龄公猪体重 145.73 kg、体长 138.77 cm；母猪体重 167.56 kg、体长 130.77 cm。

统计发现，湘村黑猪后备猪活体性状值表现出公猪的生长发育态势比母猪弱。造成这一现象的主要原因是：公猪的性欲强，生长发育早期便不断爬跨，消耗了体能，影响了增重。

表 2-5 湘村黑猪不同阶段体重体尺

项目	6 月龄		12 月龄		24 月龄	
	公猪	母猪	公猪	母猪	公猪	母猪
猪数（头）	59	287	47	226	23	179
体重（kg）	82.22±1.09	86.85±0.49	145.73±2.16	167.56±1.09	262.74±2.03	187.38±1.25
体高（cm）	65.22±0.34	63.6±0.30	78.67±0.76	69.21±0.44	86.14±1.51	84.99±0.45
体宽（cm）	34.83±0.41	34.05±0.20	43.89±0.62	39.27±0.26	57.98±0.82	55.72±0.36
体长（cm）	112.37±0.92	120.08±0.34	138.77±1.61	130.77±0.76	156.05±1.98	154.43±0.82
胸围（cm）	101.98±0.91	110.1±0.42	128.79±1.18	130.49±0.57	165.17±1.85	153.74±0.47
腹围（cm）	101.15±1.27	109.27±0.42	124.26±1.13	134.35±0.73	167.1±1.38	163.19±0.84
腿臀围（cm）	78.44±0.77	76.74±0.37	99.38±1.04	102.6±0.65	138.8±3.13	121.83±0.59

三、育肥性能

生长育肥猪在日粮能量（消化能）水平为前期 12.55 MJ 和后期 12.12 MJ

的条件下，达 90 kg 需 180 d，日增重 650 g 左右（表 2-6）。

表 2-6 湘村黑猪育肥性能

体重（kg）	日增重（g）	饲料转化率
10～30	480	2.58：1
30～60	680	2.97：1
60～90	770	3.60：1

日粮蛋白质水平对湘村黑猪平均日增重的影响较大，日粮赖氨酸水平对饲料转化率的影响较大。

四、胴体性能

屠宰性能测定于 2016 年 1 月 8 日在湘村高科农业股份有限公司进行。所有猪空腹 24 h，宰前称重，屠宰后进行胴体及肉质性状测定，主要测定胴体重、屠宰率、瘦肉率等胴体性状指标，以及肉色、pH、失水率等肉质性能指标。屠宰分割、胴体性能及肉质性状测定均委托农业部种猪质量监督检验测试中心（武汉）进行。体重 90 kg 左右育肥猪进行屠宰，屠宰率 73%、胴体瘦肉率 57% 左右（表 2-7）。

表 2-7 湘村黑猪屠宰性能测定结果

项目	测定值
样本数（头）	6
宰前重（kg）	94.67±1.27
胴体重（kg）	71.93±2.05
屠宰率（%）	75.98±1.22
胴体长（cm）	90.80±2.71
肋骨数（对）	14.33±0.52
后腿比（%）	30.80±1.89
皮厚（mm）	2.80±0.32
三点平均背膘厚（mm）	30.68±1.67
眼肌面积（cm²）	35.29±3.28
瘦肉率（%）	56.78±1.29
皮率（%）	7.65±0.64
骨率（%）	9.45±0.23
脂率（%）	26.08±1.61

五、肉质性能

所有试验猪的肌肉肉色鲜红，未发现 PSE 肉（白肌肉，肉色灰白、质地松软、有渗出物）和 DFD 肉（黑干肉，色泽深暗、质地粗硬、肌肉干燥）。湘村黑猪的肌肉亮度值（L^*）、红度值（a^*）和黄度值（b^*）分别为 44.79、6.65 和 14.03；pH_1 和 pH_{24} 分别为 6.54 和 5.71。湘村黑猪肉质性状测定结果见表 2-8。

表 2-8　湘村黑猪肉质性状测定结果

项目	测定值
样本数（头）	6
L^*	44.79±2.83
a^*	6.65±2.13
b^*	14.03±0.83
pH_1	6.54±0.15
pH_{24}	5.71±0.17
失水率（%）	3.87±0.51
储存损失（%）	1.89±0.42
嫩度（N）	424.33±81.00

第三章
湘村黑猪品种保护

第一节 湘村黑猪保种概况

湘村黑猪养殖规模为：常年存栏生产母猪 1.85 万头，年出栏湘村黑猪商品猪 37.6 万头。分别为：①小碧基地，常年存栏原种母猪 1 200 头的原种场；②茶园基地，常年存栏育种母猪 2 400 头的核心育种场；③北京基地，常年存栏育种母猪 2 500 头的种猪扩繁场；④邵阳基地，邵阳一期常年存栏育种母猪 2 400 头的种猪扩繁场，邵阳二期配套 1 万头商品母猪的大型养殖基地（表 3-1）。

表 3-1 湘村黑猪育种场和繁育场种猪结构及数量

序号	养殖基地	湘村高科地存栏规模		
		生猪存栏（万头）	能繁母猪存栏（头）	年累计出栏（万头）
1	小碧猪场	1.30	1 200	2.40
2	茶园猪场	2.50	2 400	5.00
3	北京猪场	2.6	2 500	5.20
4	邵阳一期扩繁场	2.5	2 400	5.00
5	邵阳二期扩繁场	10.5	10 000	20
	合计	19.4	18 500	37.6

场区布局合理，生产区与办公区、生活区实现了完全隔离分开。办公区设技术室、档案资料室、展览室、会议室等；生产区设置了饲养繁育场地、兽医室、人工授精室、隔离舍、畜禽无害化处理、粪污排放处理等场所。建立健全

了一整套完善的管理制度和饲养、繁育、免疫、消毒等技术规程。

根据产业发展需要，主要设娄星、涟源、双峰、新化等地为保种区，通过规模猪场品种结构调整、湘村黑猪养殖小区建设和湘村黑猪专业养殖户扶植，建立了湘村黑猪养殖小区 3 个、发展专业养殖户 269 家，常年存栏母猪 3 611 头。由此，湘村黑猪常年存栏生产母猪的规模达 2 万头以上，出栏湘村黑猪商品猪 40 万头以上。

第二节　湘村黑猪保种目标

一、保种规模

保种核心群母猪数量 900 头以上，公猪血缘为 12 个，公猪数量 60 头以上。

二、性状指标

1. 繁殖性能　初产母猪产仔数 10 头、70 日龄窝重 150 kg；经产母猪产仔数 12.5 头、70 日龄窝重 200 kg。

2. 育肥性能　生长育肥猪体重达 90 kg 平均 180 d，体重 20～90 kg 育肥期日增重 650 g，料重比 3.5：1。

3. 胴体性状　90 kg 体重屠宰，胴体瘦肉率 57%，三点平均背膘厚 3 cm，眼肌面积 35 cm²，腿臀比 30%。

4. 肉质性状　肉质的 pH、肉色、大理石纹和系水力表现良好，不出现 PSE 肉和 DFD 肉。

5. 体型外貌　全身被毛黑色，耳大小适中、略向前倾；体型中等，体质结实，背腰平直，腿臀较丰满，四肢粗壮，肢蹄坚实；母猪有效乳头 12 个以上；公猪生殖器发育正常。

第三节　湘村黑猪保种技术措施

1. 群体继代与闭锁繁育　按家系分组和一年世代间隔，实行闭锁繁育和继代选育。世代繁育中，采用避开全同胞和半同胞的随机交配。各家系公猪所配母猪数大致相同。断奶时做到每个全同胞家系留下大致相同的后代，6 月龄时每个家系选留1头公猪（另选1头作为后备用），尽量做到全同胞窝留1头母猪参加配种。

2. 实行头胎留种、一年世代间隔　选育群执行秋配春产，头胎留种，一年繁育一个世代，但对生产性能特优、选择指数特高的个别母猪可参加下个世代的家系繁育，即允许少量（≤15%）母猪世代重叠。

3. 选择方案

（1）选择原则　以日增重和胴体瘦肉率为主要选择性状，兼顾繁殖性能与肉质性状，注意体型体质、肢蹄结实度的选择。

采用个体加同胞的选择方法。制定综合选择指数，实行综合选择。

$$综合选择指数\ I = 0.117\ 9P_1 + 0.952\ 7P_2$$

式中，P_1 为日增重表型值；P_2 为胴体瘦肉率活体估测值。

在选留过程中，保持环境条件和饲料营养水平的相对稳定。做到同季节选种选配、分娩哺育、后备培育，开展生长发育测定和性能测定。稳定营养水平，实行科学饲养，促进生产潜力的发挥。创造基本一致的环境条件，缩小环境方差，提高选择的准确性。

做好多留精选。尽量扩大供选群体，加大选择差，提高选择效应。

采用表型选择与基因型选择相结合的方法。发现隐性有害基因的个体，视情况可个体或全窝淘汰。

（2）选择阶段

①2月龄　公猪按自身的生长发育、体型外貌，每窝选择1头；母猪除生长发育极差、体型毛色不合格、同窝有遗传缺陷外，均留种培育、观察和测定。

②4月龄　根据生长发育和体型外貌实行初选，个别淘汰。

③6月龄　根据生长发育和体型外貌实行精选。在淘汰不具备品种特征、体型有缺损、内翻乳头、严重肢蹄患者外，一律按综合选择指数的高低实行选留，但也应注意不同家系后代的选留。

④8月龄　将体型外貌好、生长发育正常、发情症状明显的个体留种，保证各家系的延续繁殖。

4. 测定

（1）性能测定　凡断奶时选留的公、母猪放在同一舍内测定。公猪每栏2头，母猪每栏3～5头，分别在一致条件下进行测定。测定性状为2～6月龄日增重、体尺，6 月龄活体膘厚。

（2）同胞育肥测定　为观察育肥性能、胴体品质、肉质性状的世代变化和遗传进展，从 1 世代开始，按每个家系随机选择 3 窝（剔除残病个体），实行全窝同胞育肥测定。在日粮水平和饲养管理一致的条件下，测定日增重与料重之比。测定期为 70～180 日龄，测定结束每窝随机选择 2 母 2 公（去势）屠宰，进行胴体品质测定和肉质评定。

5. 选种观察和测定项目

（1）繁殖性状　包括总产仔数、产活仔数、初生个体重、初生窝重、21 日龄个体重、21 日龄窝重、70 日龄个体重、70 日龄窝重、70 日龄育成率，以及仔猪乳头数。

（2）毛色特征　指各世代毛色特征和毛色分离率。

（3）遗传疾病　指各世代遗传疾病出现比率。

（4）生长发育测定　包括 6 月龄体重、体长、体高、胸围、腹围、腿臀围、活体测膘（测定前、中、后背膘）。

（5）育肥测定　包括育肥期日增重和料重比。

（6）屠宰测定　包括屠宰率、胴体长、胴体瘦肉率、皮厚、膘厚、眼肌面积和后腿比。

（7）肉质评定　指肉色评分、大理石纹评分、pH 和系水力。

第四节　湘村黑猪种质特性

一、繁殖性能的种质特性

（一）产仔性能

湘村黑猪世代间总产仔数初产母猪为 10.89～11.52 头、经产母猪为 12.81～13.59 头，以世代间均数范围的距离值衡量的波动空间分别仅为 0.63 头和 0.78 头，波动率分别仅占群体均数的 5.67％和 5.92％。世代间产活仔数初产母猪和经产母猪分别为 10.08～10.41 头和 12.37～13.00 头，世代间均数的范围波动空间也相对较小，分别仅为 0.33 头和 0.63 头，波动率分别仅占群体均数的 3.20％和 4.90％（表 3 - 2、表 3 - 3）。这一相对较小的波动空间完全能反映湘村黑猪产仔性能的稳定性。

表 3 - 2　湘村黑猪初产世代繁殖成绩

世代	窝数	繁殖（头）		哺育仔数（头）			育成率（%）	
		总产仔数	产活仔数	初生	21日龄	70日龄	21日龄	70日龄
1	116	11.52±0.24	10.37±0.22	10.40±0.22	9.88±0.21	9.55±0.20	95.20±0.60	92.18±0.72
2	116	10.94±0.21	10.28±0.21	10.32±0.20	9.91±0.21	9.65±0.20	95.93±0.66	93.45±0.73
3	118	10.97±0.19	10.08±0.18	10.07±0.18	9.68±0.17	8.94±0.16	96.38±0.49	89.08±0.59
4	120	10.89±0.19	10.41±0.20	10.38±0.20	9.92±0.19	9.47±0.18	95.79±0.62	91.63±0.85
5	131	11.09±0.17	10.29±0.17	10.19±0.18	9.87±0.17	9.58±0.17	96.88±0.41	94.02±0.48
平均数		11.11±0.09	10.32±0.08	10.30±0.08	9.86±0.08	9.45±0.08	95.90±0.23	91.93±0.29
测定 F 值		0.59	0.67	0.69	0.26	2.01	2.00	7.33

世代	窝数	个体重（kg）			窝重（kg）		
		初生	21日龄	70日龄	初生	21日龄	70日龄
1	116	1.12±0.01	4.34±0.03	17.75±0.05	11.59±0.25	42.83±0.99	169.58±3.58
2	116	1.12±0.01	4.09±0.03	18.28±0.06	11.57±0.25	40.51±0.92	176.01±3.86
3	118	1.00±0.01	4.17±0.02	18.01±0.05	10.04±0.20	40.35±0.81	161.05±2.97
4	120	1.20±0.01	4.28±0.02	18.55±0.05	12.4±0.28	42.25±0.83	174.69±3.40
5	131	1.15±0.01	4.43±0.02	19.15±0.05	11.75±0.19	43.90±0.77	184.42±3.13
平均数		1.12±0.00	4.26±0.01	18.25±0.02	11.55±0.10	42.03±0.36	172.29±1.45
测定 F 值		2.72	15.18	11.88	11.88	2.66	6.75

注：1. 寄养致部分世代初生哺育仔数大于产活仔数；
　　2. 查 F 检验表，$P=0.05$ 和 $P=0.01$ 的显著性临界值分别为 2.23 和 3.05。

表 3 - 3　湘村黑猪经产世代繁殖成绩

世代	窝数	繁殖（头）		哺育仔数（头）			育成率（%）	
		总产仔数	产活仔数	初生	21日龄	70日龄	21日龄	70日龄
1	32	13.59±0.55	13.00±0.48	12.72±0.48	11.94±0.44	11.03±0.37	94.10±0.89	87.49±1.26
2	57	12.81±0.35	12.37±0.34	11.96±0.38	11.49±0.36	11.16±0.35	96.22±0.58	93.43±0.72
3	68	13.22±0.28	12.9±0.29	12.72±0.31	12.24±0.32	11.96±0.31	96.00±0.70	93.93±0.9
4	134	13.12±0.19	12.93±0.20	12.84±0.20	12.13±0.20	11.80±0.20	94.63±0.53	92.00±0.67
5	124	13.29±0.19	12.97±0.19	12.89±0.19	12.47±0.19	12.16±0.19	96.79±0.44	94.44±0.55
平均数		13.18±0.12	12.86±0.11	12.70±0.12	12.14±0.12	11.79±0.12	95.68±0.27	92.89±0.35
测定 F 值		0.69	1.64	1.64	1.75	2.76	3.48	7.47

（续）

世代	窝数	个体重（kg）			窝重（kg）		
		初生	21日龄	70日龄	初生	21日龄	70日龄
1	32	1.19±0.01	4.34±0.03	19.33±0.04	15.09±0.57	51.80±1.96	213.29±7.07
2	57	1.14±0.01	4.74±0.02	20.39±0.09	13.65±0.44	54.44±1.71	227.49±6.99
3	68	1.23±0.01	4.83±0.02	18.97±0.08	15.59±0.37	59.16±1.58	226.82±5.88
4	134	1.09±0.00	4.50±0.02	19.66±0.05	14.01±0.23	54.52±0.91	232.18±4.04
5	124	1.15±0.01	4.64±0.02	20.11±0.09	14.77±0.37	57.86±0.93	244.59±3.84
平均数		1.14±0.00	4.62±0.01	19.76±0.03	14.53±0.14	56.06±0.56	232.91±2.31
测定 F 值		4.91	4.99	5.31	5.45	4.1	3.9

注：查 F 检验表，$P=0.05$ 和 $P=0.01$ 的显著性临界值分别为 2.39 和 3.37。

（二）哺育性能

湘村黑猪世代间初产 21 日龄和 70 日龄哺育仔数初产母猪分别为 9.68～9.92 头和 8.94～9.65 头，经产母猪分别为 11.49～12.47 头和 11.03～12.16 头，同样以世代间均数范围值的距离衡量，两性状的波动空间初产母猪仅分别为 0.24 头和 0.71 头，而经产母猪分别为 0.98 头和 1.13 头，均数范围的距离值与群体均数的相对率所衡量的波动空间，初产母猪分别为 2.43% 和 7.51%，而经产母猪分别为 8.07% 和 9.58%。同时，21 日龄、70 日龄世代间的平均育成率初产母猪、经产母猪分别 95.90%、91.93% 和 95.68%、92.89%，育成率世代间的均数范围初产母猪、经产母猪分别为 1.68 个百分点、4.94 个百分点和 2.69 个百分点、6.95 个百分点（表 3-2、表 3-3）。就初产而言，21 日龄、70 日龄仔猪育成率的均数距离值在 5 个百分点以内，这一较低的均数距离值反映的是湘村黑猪哺育性能高、遗传性稳定的种质特性。相对于初产母猪，经产母猪出现近 7 个百分点的较大波动空间，或许可认为是由于管理上放松了对可控因素的控制，或栏舍、设施及其他诸多条件的差异所致。

（三）泌乳力

湘村黑猪育种群自第 1～5 世代，仔猪 21 日龄窝重的平均数范围初产母猪和经产母猪分别为 40.35～43.90 kg 和 51.80～59.16 kg，还是以世代间均数范围值的距离衡量，仔猪 21 日龄窝重初产母猪和经产母猪二者分别为 3.55 kg

和 7.36 kg，而其均数范围的距离值与群体均数的相对率所衡量的波动空间，初产母猪和经产母猪分别为 8.45％和 13.13％。仔猪 21 日龄窝重是衡量母猪泌乳力的重要指标，依据初产 8.45％和经产 13.13％这一相对较小的波动空间和世代间仔猪 21 日龄窝重初产母猪 42.03 kg 和经产母猪 56.06 kg 的群体均数（表 3-2、表 3-3），足可认为湘村黑猪具有较高的泌乳力。

湘村黑猪繁殖性能初产与经产的差异见表 3-4。

表 3-4　湘村黑猪繁殖性能初产与经产的差异（差值＝经产－初产）

世代	繁殖（头）		哺育仔数（头）			育成率（％）		个体重（kg）			窝重（kg）		
	总产仔数	产活仔数	初生	21日龄	70日龄	21日龄	70日龄	初生	21日龄	70日龄	初生	21日龄	70日龄
1	2.07	2.63	2.32	2.06	1.48	−1.10	−4.69	0.07	0.00	1.58	3.50	8.97	43.71
2	1.87	2.09	1.64	1.58	1.51	0.29	−0.02	0.02	0.65	2.11	2.08	13.93	51.48
3	2.25	2.82	2.65	2.56	3.02	−0.38	4.85	0.23	0.66	0.96	5.55	18.81	65.77
4	2.23	2.52	2.46	2.21	2.33	−1.16	0.37	−0.11	0.22	1.11	1.61	12.27	57.49
5	2.2	2.68	2.70	2.60	2.58	0	0.42	0	0.21	0.96	0	13.96	60.17
t 值	14.67	18.52	17.14	16.67	17.53	0.61	2.08	1.2	7.6	12.26	1.25	21.94	23.49

注：查 t 检验表，$P＝0.05$ 和 $P＝0.01$ 的显著性临界值分别为 1.96 和 2.58。

（四）RBP4 基因多态性与产仔数的相关性分析

朱吉等（2011）依据 148 头母猪的组织样品及其 318 窝产仔记录，采用限制性片段长度多态性聚合酶链反应（PCR-RFLP）方法检测湘村黑猪视黄醇结合蛋白 4 基因（RBP4）多态性，运用最小二乘法分析该基因对产仔数影响的遗传效应，发现湘村黑猪存在 AA、AB 和 BB 共 3 种基因型，A 等位基因的频率、B 等位基因的频率、多态信息含量、杂合度分别为 0.864 9、0.135 1、0.396 0、0.233 7，表明该位点处于中度多态。从表 3-5 中可以看出，总产仔数、产活仔数初产母猪 AA 型比 BB 型分别多 1.66 头和 1.83 头，差异显著（$P＜0.05$）；经产母猪 AA 型比 AB 型、BB 型分别多 1.19 头、1.48 头（$P＜0.01$）和 0.96 头、1.22 头，差异显著（$P＜0.05$）。基因效应分析结果表明，初产母猪、经产母猪在该位点上 A 等位基因对总产仔数和产活仔数都表现为正效应，分别增加了 0.149 6 头、0.163 5 头和 0.144 3 头、0.116 9 头。这表明，A 等位基因可能对湘村黑猪高繁殖性能的稳定遗传起到了重要作用。

表 3-5　**RBP4** 基因 **Msp** I 酶切位点不同基因型对湘村黑猪产仔数的影响

基因座		初产母猪		经产母猪	
		总产仔数	产活仔数	总产仔数	产活仔数
	AA	11.11±0.19[a]	10.72±0.15[a]	11.85±0.44[A]	11.20±0.28[a]
	AB	9.90±0.56[ab]	9.40±0.46[ab]	10.66±0.53[B]	10.24±0.38[b]
	BB	9.45±0.60[b]	8.89±0.48[b]	10.37±0.29[B]	9.98±0.19[b]
RBP4-MspI	de	−0.38	−0.405	−0.45	−0.35
	ae	−0.83	−0.915	−0.74	−0.61
	A	0.149 6	0.163 5	0.144 3	0.116 9
	B	−0.957 7	−1.047	−0.923 7	−0.748 5

注：de 为显性效应，ae 为加性效应；A 为 A 等位基因的效应，B 为 B 等位基因的效应。同列上标不同大写字母表示差异极显著（$P<0.01$），不同小写字母表示差异显著（$P<0.05$）。

二、肉质性状的种质特性

（一）肉质性状分析

朱吉等（2011）以湘村黑猪 5 世代的 12 头生长育肥猪背最长肌样品，测定了失水率、滴水损失、熟肉率等，以及水分、肌内脂肪、氨基酸、脂肪酸等肉质性状指标，旨在研究湘村黑猪的肉质特性。结果表明，湘村黑猪肉色鲜红，肌肉纤维纤细，纹理间脂肪分布丰富均匀，总体表现出肌肉保水力强、烹煮损失小、肉质嫩度强、营养成分齐全、营养含量丰富等优良特性。其中，肌内脂肪含量为 4.20%，失水率为 14.9%，熟肉率为 63.25%，剪切力为 3.29 kg（表 3-6）；必需氨基酸含量为 90.94 mg/g，风味氨基酸含量为 191.23 mg/g，总氨基酸含量为 235.22 mg/g（表 3-7）；饱和脂肪酸含量为 37.82%，总不饱和脂肪酸含量为 61.28%（表 3-8）。

表 3-6　湘村黑猪的肉质性状及部分常规指标分析（$n=12$）

性状	值	性状	值	性状	值
肉色（分）	2.89±0.07	水分（%）	64.26±2.16	失水率（%）	14.9±1.80
大理石纹（分）	3.22±0.19	粗蛋白质（%）	26.34±1.89	滴水损失（%）	1.89±0.31
干湿度（分）	3.05±0.14	粗灰分（%）	1.47±0.35	熟肉率（%）	63.25±2.18
pH₁	6.08±0.19	肌内脂肪（%）	4.20±0.31	剪切力（kg）	3.29±0.58

表 3-7　湘村黑猪的氨基酸指标分析（$n=10$，mg/g）

名称	含量	名称	含量
天门冬氨酸[2]	26.50±2.34	亮氨酸[1,2]	20.88±1.44
苏氨酸[1]	10.98±0.90	酪氨酸[1]	6.39±0.46
丝氨酸[2]	11.91±0.91	苯丙氨酸[1]	9.65±0.85
谷氨酸[2]	42.42±3.34	赖氨酸[1]	11.92±3.25
甘氨酸[2]	10.74±0.96	组氨酸[1]	11.43±0.86
丙氨酸[2]	15.09±1.16	精氨酸[2]	14.78±1.04
胱氨酸[2]	1.93±0.26	脯氨酸[2]	8.82±0.74
缬氨酸[1,2]	14.22±1.31	必需氨基酸	90.94±6.49
甲硫氨酸[2]	5.70±0.63	风味氨基酸	191.23±14.30
异亮氨酸[1,2]	11.86±1.01	总氨基酸	235.22±16.36

注：1 为必需氨基酸，2 为风味氨基酸。

表 3-8　湘村黑猪的脂肪酸分析（％）

名称	含量	名称	含量
肉豆蔻酸 C14：0	1.52±0.17	二十烯酸 C20：1	0.62±0.51
棕榈酸 C16：0	24.95±1.75	γ-亚麻酸 C18：3	1.27±0.37
棕榈油酸 C16：1	4.66±0.69	亚麻酸 C18：3	0.59±0.45
硬脂酸 C18：0	11.35±0.93	饱和脂肪酸	37.82±2.08
反油酸 C18：1	46.62±3.90	单不饱和脂肪酸	58.96±2.30
油酸 C18：1	7.06±2.05	多不饱和脂肪酸	2.32±1.03
亚油酸 C18：2	0.46±0.28	总不饱和脂肪酸	61.28±1.83

注：饱和脂肪酸包括肉豆蔻酸、棕榈酸、硬脂酸、二十烯酸；单不饱和脂肪酸包括棕榈油酸、反油酸、油酸；多不饱和脂肪酸包括亚油酸、γ-亚麻酸、亚麻酸。

（二）CMYA5 基因与肌肉品质的相关性分析

朱吉等（2011）以湘村黑猪 5 世代的 40 头生长育肥猪背最长肌样品，采用 PCR-RFLP 方法检测原发性心肌症相关蛋白 5（CMYA5）基因多态性，分析该基因对肌肉品质影响的遗传效应。结果表明，湘村黑猪存在 AA、AC 和 CC 3 种基因型，A 等位基因的频率、C 等位基因的频率、多态信息含量、杂合度分别为 0.287 5、0.712 5、0.599 9、0.409 7，表明该位点处于中度多态。不同基因型肌肉的肌内脂肪、丝氨酸、饱和脂肪酸等 13 项指标存在显著

或极显著差异（$P<0.05$ 或 $P<0.01$），AA 型个体的肌内脂肪含量显著高于 AC 型（$P<0.05$）（表 3 - 9），单不饱和脂肪酸含量最高，极显著高于 AC 和 CC 型（$P<0.01$）（表 3 - 10）；AC 型个体的风味氨基酸含量较其他 2 种更为丰富，丝氨酸、胱氨酸、精氨酸、脯氨酸和甲硫氨酸指标显著或极显著高于 AA 型（$P<0.05$ 或 $P<0.01$）（表 3 - 11）。

表 3 - 9 **CMYA5 基因不同基因型对肌肉常规成分的影响**（%）

成分	AA	AC	CC
水分	63.54±0.39^B	73.50±0.55^A	70.19±0.68^A
粗蛋白质	23.97±0.33^A	19.89±0.47^B	21.18±0.45^{AB}
肌内脂肪	4.49±0.13^a	3.26±0.11^b	4.06±0.19^{ab}
粗灰分	1.13±0.16	1.02±0.09	0.98±0.14

注：同行上标不同大写字母表示差异极显著（$P<0.01$），不同小写字母表示差异显著（$P<0.05$）。

表 3 - 10 **CMYA5 基因不同基因型对肌肉脂肪酸的影响**（%）

脂肪酸	AA	AC	CC
肉豆蔻酸 C14：0	1.56±0.05	1.53±0.04	1.51±0.07
棕榈酸 C16：0	24.13±0.63	26.17±0.79	24.90±0.67
棕榈油酸 C16：1	4.78±0.19	4.03±0.22	4.73±0.26
硬脂酸 C18：0	10.16±0.26	11.10±0.30	11.28±0.24
反油酸 C18：1	52.27±0.96^a	43.27±0.88^b	46.34±1.29^{ab}
油酸 C18：1	6.20±0.55	7.89±0.66	7.43±0.99
亚油酸 C18：2	0.50±0.20	0.44±0.23	0.77±0.29
二十烯酸 C20：1	0.56±0.15	0.52±0.21	0.71±0.19
γ-亚麻酸 C18：3	1.27±0.13	0.86±0.11	1.32±0.14
亚麻酸 C18：3	1.11±0.38	0.63±0.34	1.03±0.50
饱和脂肪酸	35.85±0.52^b	40.80±0.61^a	37.69±0.68^{ab}
单不饱和脂肪酸	63.63±0.422^A	58.68±0.87^B	60.84±0.98^B
多不饱和脂肪酸	1.48±0.33	0.52±0.23	0.51±0.27
总不饱和脂肪酸	64.15±0.47^a	59.19±0.71^b	62.34±0.68^{ab}

注：饱和脂肪酸包括肉豆蔻酸、棕榈酸、硬脂酸、二十烯酸；单不饱和脂肪酸包括棕榈油酸、反油酸、油酸；多不饱和脂肪酸包括亚油酸、γ-亚麻酸、亚麻酸。同行上标不同大写字母表示差异极显著（$P<0.01$），不同小写字母表示差异显著（$P<0.05$）。

表 3－11　*CMYA5* 基因不同基因型对肌肉氨基酸的影响 （mg/g）

氨基酸	AA	AC	CC
天门冬氨酸[2]	24.68±0.32	27.75±0.87	26.55±0.90
苏氨酸[1]	10.36±0.25	11.65±0.17	11.01±0.34
丝氨酸[2]	10.86±0.21[b]	12.61±0.23[a]	11.97±0.32[ab]
谷氨酸[2]	40.74±0.90	44.11±1.21	42.42±1.30
甘氨酸[2]	9.95±0.22	11.65±0.41	10.72±0.35
丙氨酸[2]	14.11±0.38	15.86±0.43	15.12±0.44
胱氨酸[2]	1.66±0.42[b]	2.50±0.23[a]	1.88±0.56[b]
缬氨酸[1,2]	13.63±0.21	14.59±0.47	14.25±0.52
甲硫氨酸[2]	4.33±0.09[B]	6.54±0.19[A]	5.77±0.13[A]
异亮氨酸[1,2]	11.29±0.18	12.10±0.33	11.90±0.40
亮氨酸[1,2]	19.35±0.49	21.29±0.55	21.02±0.54
酪氨酸[1]	5.57±0.09[B]	6.88±0.11[A]	6.43±0.13[AB]
苯丙氨酸[1]	9.13±0.21	9.92±0.19	9.69±0.33
赖氨酸[1]	10.17±0.99	11.14±1.05	12.24±1.27
组氨酸[1]	11.09±0.26	11.21±0.33	11.50±0.34
精氨酸[2]	13.33±0.29[b]	15.54±0.39[a]	14.86±0.36[ab]
脯氨酸[2]	8.27±0.21[b]	9.76±0.23[a]	8.77±0.26[ab]
必需氨基酸	84.77±1.69	91.74±2.07	91.61±2.45
风味氨基酸	177.95±6.18	200.99±6.37	191.67±5.29
总氨基酸	218.45±5.33	244.75±5.62	236.11±6.02

注：1 为必需氨基酸，2 为风味氨基酸。同行上标不同大写字母表示差异极显著（$P<0.01$），不同小写字母表示差异显著（$P<0.05$）。

（三）桑叶粉对湘村黑猪育肥后期肉品质和肌肉化学组成的影响

刘莹莹等（2016）研究了桑叶粉作为蛋白质饲料对湘村黑猪肉品质和肌肉化学成分的调节作用，选取 180 头体重为 71.64 kg 的湘村黑猪，随机分为 5 个处理组，每组 6 个重复（栏），每个重复 6 头猪。对照组饲喂基础饲粮，试验组在基础饲粮中分别添加 3％桑叶粉、6％桑叶粉、9％桑叶粉、12％桑

叶粉，替代一定比例的麦麸。试验猪体重达到 95 kg 左右屠宰。结果表明：肉色亮度值 L* 以 9％桑叶粉组最高；6％和 9％的桑叶粉组具有较好的嫩度，而当添加水平增加至 12％时，肉的嫩度显著低于对照组（P＜0.05）。结果提示添加适量的桑叶粉能达到最大限度地改善肉品质的作用，添加水平达到 12％时则使肉品质下降。饲粮中添加桑叶粉降低了湘村黑猪股二头肌的干物质含量，12％桑叶粉有降低湘村黑猪背最长肌肌内脂肪含量的趋势，而 9％桑叶粉显著提高了背最长肌粗蛋白质含量（P＜0.05），且该组试验猪股二头肌粗蛋白质含量显著高于 3％～6％桑叶粉组（P＜0.05）；同时，9％桑叶粉极显著地提高了湘村黑猪股二头肌中肌苷酸含量（P＜0.01）（表 3－12）。综上，湘村黑猪育肥后期饲粮中桑叶粉的添加水平以不超过 9％为宜，从安全性和经济性考虑，添加 6％～9％桑叶粉更有利于节约饲料成本和改善猪肉品质。

表 3－12　日粮中添加桑叶粉（茎叶）对湘村黑猪肉质及肌肉常规营养成分的影响

项目	对照组	3％桑叶粉	6％桑叶粉	9％桑叶粉	12％桑叶粉	P 值
背最长肌						
干物质（％）	27.22[a]	26.96[a]	26.09[b]	27.03[a]	26.50[ab]	0.02
鲜样粗脂肪（％）	3.23[a]	3.01[ab]	2.90[ab]	3.17[a]	2.55[b]	0.10
鲜样粗蛋白质（％）	21.15[bc]	21.53[abc]	20.98[c]	22.16[a]	21.89[ab]	0.02
鲜样肌苷酸（mg/g）	2.60	2.77	3.10	2.91	2.46	0.30
股二头肌						
干物质（％）	26.10[a]	25.33[ab]	25.03[b]	25.02[b]	25.85[ab]	0.07
鲜样粗脂肪（％）	3.88	3.84	3.66	4.05	3.46	0.11
鲜样粗蛋白质（％）	20.02[ab]	19.07[b]	19.12[b]	20.60[a]	19.76[ab]	＜0.01
鲜样肌苷酸（mg/g）	2.22[b]	1.67[c]	1.79[c]	2.59[a]	1.53[c]	＜0.01
L*	46.69[ab]	47.97[ab]	47.27[ab]	49.35[a]	45.77[b]	0.10
a*	13.90	14.30	13.87	14.29	14.41	0.83
b*	4.54	4.91	4.76	5.18	4.44	0.19
pH$_1$	6.30	5.93	5.90	6.10	5.86	0.14
pH$_{24}$	5.71	5.77	5.79	5.66	5.61	0.39
嫩度（N）	72.00[bc]	81.82[b]	66.59[c]	69.13[bc]	93.21[a]	＜0.01

三、生长、胴体及其他种质特性

刘莹莹等（2016）同步研究了桑叶粉作为蛋白质饲料对湘村黑猪生长性能和胴体等方面的调节作用，为桑叶粉在养猪生产及饲料上的应用提供一定的理论依据。结果表明：与对照组相比，添加3%、6%和9%桑叶粉对湘村黑猪的生长性能无显著影响（$P>0.05$），而12%组显著降低湘村黑猪的末重和平均日增重（$P<0.05$），且料重比增加（$P<0.05$）（表3-13）；随着桑叶粉添加水平的上升，湘村黑猪的宰前活重、胴体重、屠宰率呈下降趋势，背膘厚呈变薄趋势（表3-14）。

综上，湘村黑猪育肥后期饲粮中桑叶粉的添加水平以不超过9%为宜，从安全性和经济性考虑，添加6%～9%桑叶粉更有利于节约饲料成本和改善猪肉品质。

表3-13　日粮添加桑叶粉（茎叶）对湘村黑猪生长性能的影响

项目	对照组	3%桑叶粉	6%桑叶粉	9%桑叶粉	12%桑叶粉	P值
始重（kg）	71.38	71.74	71.72	71.38	71.96	0.97
末重（kg）	98.38[a]	98.14[a]	96.10[a]	96.06[a]	93.60[b]	<0.01
平均日增重（g）	540.00[a]	528.00[a]	487.60[ab]	493.60[ab]	432.80[b]	0.04
平均日采食量（g）	2 055.64	2 048.71	1 980.85	2 031.25	1 912.43	0.52
料重比	3.81:1[b]	3.91:1[b]	4.10:1[ab]	4.13:1[ab]	4.43:1[a]	0.05

注：同行上标不同字母表示差异显著（$P<0.05$），$n=6$。

表3-14　日粮添加桑叶粉（茎叶）对湘村黑猪胴体性状的影响

项目	对照组	3%桑叶粉	6%桑叶粉	9%桑叶粉	12%桑叶粉	P值
宰前活重（kg）	94.01[a]	93.29[ab]	92.21[ab]	88.90[b]	89.50[b]	0.10
胴体重（kg）	70.58[a]	68.58[ab]	68.08[ab]	65.00[b]	65.60[b]	0.01
屠宰率（%）	75.09[a]	73.57[b]	73.81[ab]	73.17[b]	73.27[b]	0.07
胴体直长（cm）	102.75	100.81	100.44	99.94	101.00	0.24
背膘厚（mm）	34.09[a]	27.26[b]	26.85[b]	25.64[b]	21.78[b]	<0.01
眼肌面积（cm²）	23.46[b]	26.90[ab]	27.79[ab]	30.67[a]	23.49[b]	0.01
熟肉率（%）	51.04	51.62	50.87	50.95	50.40	0.28

注：同行上标不同字母表示差异显著（$P<0.05$），$n=6$。

刘莹莹等（2016）同步研究了桑叶粉对湘村黑猪育肥后期血液生化指标和肌肉组织脂质代谢的影响（表3-15至表3-19），随着桑叶粉添加水平的上升，湘村黑猪血清白蛋白浓度和碱性磷酸酶活性增加，且9%组的尿酸、尿素氮和肌酸浓度，谷草转氨酶和胆碱酯酶活性低于其他组（$P<0.05$），提示饲粮添加9%桑叶粉可能有利于氮在机体内的沉积。随着桑叶粉添加水平的上升，湘村黑猪背最长肌饱和脂肪酸（SFA）含量呈下降趋势，不饱和脂肪酸（UFA）、多不饱和脂肪酸（PUFA）、PUFA/SFA 和 $n-3$PUFA 呈上升趋势，而9%桑叶粉组的 $n-6/n-3$PUFA 显著低于其他各组（$P<0.05$）；股二头肌中 $n-3$PUFA 呈上升趋势，而 $n-6/n-3$PUFA 呈下降趋势，12%桑叶粉组的 $n-6/n-3$PUFA 最低（$P<0.05$）。采用荧光定量 PCR 方法检测湘村黑猪肌肉组织中脂质代谢与沉积相关基因 mRNA 的表达水平。结果显示，随着桑叶粉添加水平的上升，背最长肌中的激素敏感脂酶、乙酰辅酶 A 羧化酶和过氧化物酶体增生物激活受体 γ（PPARγ）mRNA 表达水平呈下降趋势，以12%桑叶粉组最低（$P<0.05$）；与背最长肌不同的是，9%桑叶粉提高了股二头肌脂肪酸转运蛋白1的 mRNA 表达水平（$P<0.05$），12%桑叶粉提高了股二头肌 PPARγ 的 mRNA 表达水平（$P<0.05$）。综上所述，饲粮添加桑叶粉有利于改善湘村黑猪骨骼肌的脂肪酸组成，其调控脂质代谢的作用存在组织特异性。

表3-15　日粮添加桑叶粉（茎叶）对湘村黑猪血清生化参数的影响

项目	对照组	3%桑叶粉	6%桑叶粉	9%桑叶粉	12%桑叶粉	P 值
总蛋白（g/L）	47.14	47.88	52.50	49.38	51.88	0.80
白蛋白（g/L）	21.00[b]	24.00[ab]	30.75[a]	24.88[ab]	28.13[a]	0.03
谷丙转氨酶（U/L）	41.57	45.13	47.63	43.38	48.00	0.85
谷草转氨酶（U/L）	51.57[ab]	47.88[ab]	59.00[a]	36.13[b]	50.88[ab]	0.04
乳酸脱氢酶（U/L）	736.29	738.75	849.50	723.13	822.75	0.52
胆碱酯酶（U/L）	912.00[a]	913.88[a]	821.38[a]	574.75[b]	754.25[a]	<0.01
碱性磷酸酶（mmol/L）	69.57[b]	80.63[b]	107.25[a]	71.75[b]	86.13[ab]	0.01
葡萄糖（mmol/L）	4.79	5.61	4.39	4.34	6.05	0.33
尿酸（μmol/L）	56.71[bc]	73.88[a]	71.50[ab]	54.13[c]	80.63[a]	0.01
尿素（mmol/L）	3.60[b]	4.99[a]	4.92[a]	3.68[b]	5.51[a]	<0.01
肌酐（μmol/L）	112.29[ab]	117.38[ab]	119.00[ab]	102.25[b]	131.88[a]	0.07

注：同行上标不同字母表示差异显著（$P<0.05$），$n=6$，下同。

表 3 - 16　日粮添加桑叶粉（茎叶）对湘村黑猪背
最长肌中长链脂肪酸组成的影响（％）

项目	对照组	3％桑叶粉	6％桑叶粉	9％桑叶粉	12％桑叶粉	P 值
SFA	44.83[a]	43.79[a]	43.78[a]	42.66[ab]	41.13[b]	0.02
UFA	55.18[b]	56.21[b]	56.22[b]	57.34[ab]	58.88[a]	0.02
单不饱和脂肪酸（MUFA）	46.40	47.15	46.53	47.01	47.13	0.95
PUFA	8.78[b]	9.06[b]	9.68[b]	10.33[b]	11.74[a]	0.01
PUFA/SFA	0.20[b]	0.21[b]	0.22[b]	0.24[ab]	0.29[a]	<0.01
n - 3 PUFA	0.25[b]	0.24[b]	0.29[b]	0.45[a]	0.43[a]	<0.01
n - 6 PUFA	8.52[b]	8.82[b]	9.40[b]	9.88[b]	11.32[a]	0.01
$\sum n$-6/$\sum n$-3	33.71[ab]	36.95[a]	36.04[a]	23.51[b]	32.16[ab]	0.07

表 3 - 17　日粮添加桑叶粉（茎叶）对湘村黑猪股
二头肌中长链脂肪酸组成的影响（％）

项目	对照组	3％桑叶粉	6％桑叶粉	9％桑叶粉	12％桑叶粉	P 值
SFA	37.08	35.09	39.06	37.14	34.97	0.31
UFA	62.92	64.91	60.94	62.86	65.03	0.31
MUFA	49.17	48.00	46.57	48.07	46.63	0.74
PUFA	13.75	16.91	14.37	14.79	18.40	0.18
PUFA/SFA	0.38	0.49	0.37	0.42	0.54	0.16
n - 3 PUFA	0.37[c]	0.55[b]	0.44[bc]	0.52[bc]	0.75[a]	<0.01
n - 6 PUFA	13.37	16.36	13.94	14.28	17.65	0.22
$\sum n$-6/$\sum n$-3	36.43[a]	29.30[ab]	35.70[a]	27.78[ab]	24.41[b]	0.05

表 3 - 18　日粮添加桑叶粉（茎叶）对湘村黑猪背最长肌脂质代谢与
沉积相关基因 mRNA 水平的影响

项目	对照组	3％桑叶粉	6％桑叶粉	9％桑叶粉	12％桑叶粉	P 值
激素敏感脂酶	1.13[a]	1.03[a]	0.77[ab]	1.05[a]	0.65[b]	0.05
乙酰辅酶 A 羧化酶	1.20[a]	0.87[ab]	0.65[b]	0.86[ab]	0.51[b]	<0.01
肉毒碱棕榈酰转移酶 1	1.09	1.03	0.79	0.94	0.82	0.30
脂蛋白脂肪酶	1.09[a]	0.96[ab]	0.63[b]	0.81[ab]	0.61[b]	0.08

（续）

项目	对照组	3%桑叶粉	6%桑叶粉	9%桑叶粉	12%桑叶粉	P 值
腺苷酸活化蛋白激酶	1.03	1.08	0.85	1.00	0.93	0.40
过氧化物酶体增生物激活受体 γ	1.13[a]	0.84[ab]	0.63[bc]	0.78[bc]	0.44[c]	<0.01
脂肪酸转运蛋白 1	1.10	1.04	0.77	0.98	0.78	0.26

表 3-19　日粮添加桑叶粉对湘村黑猪股二头肌脂质代谢与
沉积相关基因 mRNA 水平的影响

项目	对照组	3%桑叶粉	6%桑叶粉	9%桑叶粉	12%桑叶粉	P 值
激素敏感脂酶	1.14	1.03	1.20	1.40	1.32	0.26
乙酰辅酶 A 羧化酶	1.05	0.91	0.93	1.00	1.16	0.76
肉毒碱棕榈酰转移酶 1	1.15	0.95	0.77	1.10	0.85	0.30
脂蛋白脂肪酶	1.07	0.72	0.81	0.83	0.91	0.44
腺苷酸活化蛋白激酶	1.16	0.68	0.79	0.89	0.95	0.13
过氧化物酶体增生物激活受体 γ	1.02[b]	1.04[b]	0.98[b]	0.99[b]	1.54[a]	0.05
脂肪酸转运蛋白 1	1.54[a]	0.69[b]	0.78[b]	1.42[a]	0.69[b]	<0.01

第五节　湘村黑猪品种登记

一、登记内容

登记内容包括湘村黑猪的系谱、生长发育、繁殖性能、胴体性状与肉质性状等方面的信息。

二、登记符合的基本条件

要求符合本品种特征，系谱记录完整，个体标识清楚。

三、登记项目

1. 基本信息

（1）湘村黑猪所在的保种场、保护区（含户主）的名称、地址、邮编等信息。

（2）猪个体的出生日期、个体号、耳缺号、性别、初生重、乳头数、遗传特征等基本信息。

2. 系谱信息　包括登记个体的父母代、祖代及曾祖代三代系谱信息。

3. 生长性能　包括登记个体断奶重、断奶日龄；120～180日龄间某一日龄的个体重、体尺及其具体测定日龄；成年体重和体尺。体尺登记体长、体高、背高、胸围、胸深、腹围、管围、腿臀围等。成年公猪测定时间为22～26月龄，成年母猪指3胎、妊娠2个月的母猪。

4. 繁殖性能　包括登记母猪产仔胎次、总产仔数、产活仔数、寄养情况以及断奶日龄、断奶窝重、断奶仔猪数等。

采用人工授精的登记公猪的采精信息，包括采精日期、采精次数、采精量、精子密度、精子活力、精子畸形率等。

5. 育肥性能及胴体与肉质　每年至少进行1次育肥与屠宰试验，测定并登记育肥期日增重、料重比以及胴体与肉质指标，同时记录育肥试验的饲料营养指标。每次育肥测定数量不少于30头，分3栏及以上进行饲养；每次屠宰测定不少于10头，公（去势）母各半。其中，测定办法依照《种猪生产性能测定规程》（NY/T 822—2019）和《猪肌肉品质测定技术规范》（NY/T 822—2004）。

第四章
湘村黑猪品种繁育

第一节　湘村黑猪生殖生理

一、公猪的生殖生理

（一）公猪的生殖器官

公猪的生殖器官大致可分为 4 个部分：①性腺，即睾丸；②生殖管道，即附睾、输精管和尿生殖道；③副性腺，即精囊腺、前列腺和尿道球腺；④外生殖器官或交配器，即阴茎、包皮和阴囊。

1. 睾丸　睾丸是具有内外分泌双重机能的性腺，为长卵圆形，睾丸的长轴倾斜，前低后高。睾丸分散在阴囊的两个腔内。在胎儿期一定时期，睾丸才由腹腔下降到阴囊内。成年公猪有时一侧或两侧睾丸并未下降到阴囊内，称为隐睾。隐睾睾丸的分泌机能虽未受到损害，但睾丸对一定温度的特殊要求不能得到满足，从而影响生殖机能。如系双侧隐睾，虽然猪有性欲，但无生殖能力。

睾丸的表面被以浆膜，其下为致密结缔组织构成的白膜，在睾丸和附睾头相接触一端，有一结缔组织索伸向睾丸实质，构成睾丸纵隔，由它向四周发出许多放射状结缔组织直达白膜，称为中隔。它将睾丸实质分成许多（100～300个）锥体形的小叶，称为睾丸小叶。小叶尖端朝向睾丸的中央，每个小叶由 2～3 条非常细而弯曲的曲细精管构成，曲细精管的外径 0.1～0.3 mm，管腔直径 0.08 mm，腔内充满液体。曲细精管在各小叶的尖端先各自汇合成直细精管，穿入睾丸纵隔结缔组织内，形成弯曲的导管网，称睾丸网，最后由睾丸网分出 10～30 条睾丸输出管，形成附睾头。

曲细精管的管壁由结缔组织纤维、基膜和复层的生殖上皮等构成。上皮的生殖细胞因发生时期和形态不同而各有差异，支持细胞位于密集的生殖细胞中，支持和营养生殖细胞。

在小叶内，曲细精管之间有疏松结缔组织，内含血管、淋巴管、神经和分散的细胞群，后者称间质细胞，细胞近乎椭圆形，核大而圆，分泌雄激素。

睾丸的主要机能有：①生精机能，即外分泌机能。曲细精管上皮由两类细胞构成，支持细胞和不同类型的生精细胞。生精细胞依附在支持细胞上，支持细胞对生精细胞的分裂和演变起支持和营养作用，生精细胞经多次分裂最后形成精子。精子随曲细精管的液流输出，经直细精管、睾丸网、输出管而到附睾。②分泌雄激素，即内分泌机能。间质细胞分泌的雄性激素能激发公猪的性欲及性兴奋，刺激第二性征，刺激阴茎及附睾的发育，维持精子的发生及附睾精子的存活。③阴囊能保护睾丸和调节与维持睾丸低于体温的一定温度，阴囊内温度一般比体温低 4～5℃，这对于生精机能至关重要。气温低时，阴囊皱缩，睾丸靠近腹壁并使阴囊壁变厚；气温高时，阴囊松弛，睾丸位置降低，阴囊壁变薄。选择公猪留种时应注意，睾丸的位置远离尾根、阴囊松弛的公猪抗热应激能力较强。

2. 生殖管道

（1）附睾　附睾附着于睾丸的附着缘，分为附睾头、附睾体和附睾尾三部分。附睾头由睾丸输出管构成。附睾体是由一条长达数十米的附睾管盘曲而成。附睾尾由附睾管口径增大处，逐渐延续至输精管。附睾管的管壁很薄，其上皮细胞具有分泌作用，分泌物呈弱酸性，同时具有纤毛，能向附睾尾方向摆动，以推动精子移行。附睾管的管壁包围一层环状平滑肌，其在尾部很发达，有助于收缩时将浓密的精子排出。

附睾的主要机能有：①附睾是精子最后成熟的地方。睾丸曲细精管生产的精子，刚进入附睾头时形态尚未发育完全，此时活动微弱，没有受精能力。精子通过附睾管时，附睾管分泌的磷脂及蛋白质裹在精子的表面，形成脂蛋白膜，将精子包起来，它能在一定程度上防止精子膨胀，也能抵抗外部环境的不良影响。精子通过附睾管时获得负电荷，其可以防止精子彼此凝集。②储存精子。在附睾内储存的精子在 60 d 内具有受精能力。如储存过久，则活力降低，畸形率及死精子数增加，最后死亡被吸收。所以长期不配种或不采精的公畜，

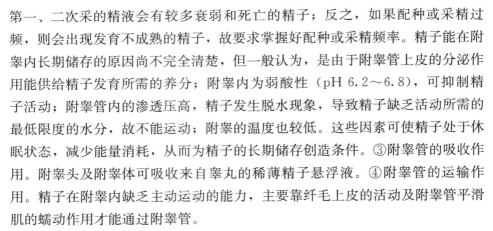

第一、二次采的精液会有较多衰弱和死亡的精子；反之，如果配种或采精过频，则会出现发育不成熟的精子，故要求掌握好配种或采精频率。精子能在附睾内长期储存的原因尚不完全清楚，但一般认为，是由于附睾管上皮的分泌作用能供给精子发育所需的养分；附睾内为弱酸性（pH 6.2～6.8），可抑制精子活动；附睾管内的渗透压高，精子发生脱水现象，导致精子缺乏活动所需的最低限度的水分，故不能运动；附睾的温度也较低。这些因素可使精子处于休眠状态，减少能量消耗，从而为精子的长期储存创造条件。③附睾管的吸收作用。附睾头及附睾体可吸收来自睾丸的稀薄精子悬浮液。④附睾管的运输作用。精子在附睾内缺乏主动运动的能力，主要靠纤毛上皮的活动及附睾管平滑肌的蠕动作用才能通过附睾管。

（2）输精管　输精管是由附睾管延伸而来，沿腹股沟管到腹腔，折向后方进入盆腔。输精管是一条管壁很厚的管道，主要功能是将精子从附睾尾部运送到尿道。输精管的开始部分弯曲，后即变直，到输精管的末端逐渐形成膨大部，称为输精管壶腹，其壁含有丰富的分泌细胞，在射精时具有分泌作用。输精管在接近膀胱括约肌处，通过一个裂口进入尿道。输精管的肌层较厚，交配时收缩力较强，能将精子排送入尿生殖道内。

（3）尿生殖道　尿生殖道是尿和精液排出的共同管道。分为骨盆部和阴茎部两部分。从输精管排送来的浓稠精液和各副性腺的分泌物在此混合。

3. 副性腺　副性腺包括精囊腺、前列腺、尿道球腺。射精时，它们的分泌物加上输精管壶腹的分泌物混合在一起称为精清，与精子共同组成精液。

（1）精囊腺　位于输精管末端的外侧，呈蝶形，覆盖于尿生殖道骨盆部前端。分泌物为弱碱性、黏稠的胶状物质，并含有高浓度的球蛋白、柠檬酸、酶及高含量还原性物质，如维生素 C，其分泌物中的糖蛋白为去能因子，能抑制顶体活动，延长精子的受精能力。主要生理作用是提供精子活动所需能源（果糖），刺激精子运动，其胶状物质能在阴道内形成栓塞，防止精液倒流。

（2）前列腺　位于精囊腺的后方，由体部和扩散部组成。体部为分叶明显的表面部分，扩散部位于尿道海绵体和尿道肌之间。其分泌物为无色、透明的液体，呈碱性，有特殊的臭味，并含有果糖、蛋白质、氨基酸及大量的酶，如糖酵解酶、核酸酶、核苷酸酶、溶酶体酶等，对精子的代谢起一定作用；含有抗精子凝集素的结合蛋白，能防止精子头部互相凝集；还含有钾、钠、钙的柠檬酸盐和氯化物。生理作用是中和阴道酸性分泌物，吸收精子排出的二氧化碳，促进精子的运动。

（3）尿道球腺　位于尿生殖道骨盆部后端，是成对的球状腺体，猪的尿道球腺特别发达，呈棒状。分泌物为无色、清亮的液体，呈碱性（pH 为 7.5～8.5）。生理作用是在射精前冲洗尿生殖道内的残留尿液；进入阴道后可中和阴道酸性分泌物。

4. 外生殖器官

（1）阴茎　阴茎是公畜的交配器官，分阴茎根、阴茎体和阴茎头（龟头）三部分。猪的阴茎较细，在阴囊前形成 S 状弯曲，龟头呈螺旋状，上有一浅沟。阴茎勃起时，S 状弯曲即伸直。

（2）包皮　包皮是由皮肤凹陷而发育成的皮肤褶。在不勃起时，阴茎头位于包皮腔内。公猪的包皮腔很长，有一憩室，内有异味的液体和包皮垢。采精前一定要排出包皮内的积尿，并对包皮部进行彻底清洁。在选留公猪时应注意，包皮过大的公猪不要留作种用。

（二）精子与精液

1. 精子的发生　精子发生以精原细胞为起点，在曲细精管内由精原细胞经精母细胞到精子细胞的分化过程称为精子的发生。精子细胞在睾丸细精管内变态的过程称为精子的形成。

（1）精原细胞的增殖　精原细胞位于睾丸曲细精管上皮的最外层，直接与曲细精管的基底膜相接触。精原细胞分为 A 型精原细胞、中间型精原细胞和 B 型精原细胞。精原细胞通过有丝分裂不断增殖，A 型精原细胞一部分进入精子发生序列，形成精母细胞，另一部分形成干细胞。

（2）精母细胞的减数分裂　B 型精原细胞经有丝分裂，形成初级精母细胞，位于曲细精管管腔的内侧。初级精母细胞经第一次减数分裂，形成 2 个次级精母细胞。次级精母细胞经历的时间很短，很快进行第二次减数分裂。一个次级精母细胞形成 2 个精子细胞。

（3）精子的形成　精子细胞形成后不再分裂，而在支持细胞的顶端、靠近管腔处，经复杂的形态变化，形成蝌蚪状的精子。精子细胞的高尔基体形成精子的顶体系统，线粒体形成线粒体鞘，细胞质形成原生质滴（后脱落）。

（4）支持细胞　支持细胞又称为足细胞，支持细胞对精子的形成具有重要的生理作用。其生理作用包括支持作用、营养作用、精子变形、分泌雄激素结合蛋白、清除作用（吞噬作用）、形成完整的血睾屏障、合成抑制素、分泌睾丸液。

2. 精子的形态结构　猪的精子主要由头、颈和尾三部分构成。

（1）头部　精子的头部呈扁卵圆形，主要由细胞核构成，其中主要含有核蛋白、DNA、RNA、钾、钙和磷酸盐等。核的前面被顶体覆盖，顶体是一双层薄膜囊，内含精子中性蛋白酶、透明质酸酶、穿冠酶、三磷酸腺苷（ATP）酶及酸性磷酸酶等，都与受精过程有关。顶体是一个相当不稳定的部分，容易变性和从头部脱落。如果顶体受损，精子就不再具有受精力，所以在进行精液稀释处理时应尽可能避免温度、pH及渗透压变化，因为这些都会损伤顶体。

（2）颈部　在头的基部，一般当作精子头的部分，其中含有2～3个颗粒，由中心小体发生而来。核和这些颗粒之间有一基板，尾的纤丝即以此为起点。颈部是精子的脆弱部分，很容易断裂，造成头尾分离。

（3）尾部　精子的尾部又分为中段、主段和末段三部分。中段由颈部延伸而成，其外周由线粒体鞘、致密纤维及精子膜组成。主段是尾的主要组成部分，也是最长部分，没有线粒体的变形物环绕。末段较短，纤维鞘消失，其结构仅由纤丝及外面的精子膜组成。

精子的尾部是精子运动的动力所在，精子的运动不仅使精子从子宫颈到达输卵管，而且在受精过程中能推动精子头部进入卵子，不运动的精子不具备受精能力。天生尾部异常是遗传缺陷的结果，表现为卷曲、双尾和线尾。不动的精子可能是由不当的处理和保存造成的，尾部弯曲常常由温度或pH的突然变化所致。机械应激或渗透压的变化也会导致精子头部和尾部的断裂。

3. 公猪的精液特性　公猪的精液主要由精子、精清和胶质组成，其一次射精量一般为150～500 mL，精子的密度为（2.5～3.5）×10^8个/mL，每次射精总精子数平均为（40～50）×10^9个。正常公猪射出的精液应为乳白色或灰白色，有较强的气味，在显微镜下观察，刚射出的新鲜精液呈云雾状。公猪的精液量与体尺没有明显的相关，但公猪的总精子数与睾丸大小有关，睾丸大则总精子数一般也较多。公猪精液量和精液品质受很多因素的影响，如品种、年龄、气候、采精方法、营养、体况及交配或采精频率等。交配或采精频率高，则精液量下降，未成熟精子的比率上升，精液品质下降。高温季节公猪的精液量及精液品质下降较寒冷季节快，说明公猪对高温更敏感。

二、母猪的生殖生理

(一) 母猪的生殖器官

母猪的生殖器官主要有：①卵巢；②生殖管道，包括输卵管、子宫、阴道，也称为内生殖器；③外生殖器，是母猪的交配器官，包括尿生殖前庭、阴唇和阴蒂；④副性腺，主要指位于母猪子宫颈及阴道的一些腺体。在某种特定生理条件下，如发情、分娩时，副性腺分泌黏液，润滑生殖管道，但其作用远不如公猪那样重要。

1. 卵巢　猪的卵巢形态、体积及位置因年龄、胎次不同而有很大的变化。断奶的仔猪卵巢为长圆形的小扁豆状，而接近初情期时卵巢可达 2 cm×1.5 cm，且表面出现很多小卵泡，很像桑葚。初情期开始后，在发情期的不同时间卵巢上出现卵泡、红体或黄体，突出于卵巢的表面，卵巢随着胎次的增加由峡部逐渐向前方移动。

2. 生殖管道

(1) 输卵管　位于输卵管系膜内，是卵子受精和卵子进入子宫的必经通道。它主要由三部分构成：①漏斗，管道前端接近卵巢，并扩大成为漏斗，其边缘有很多突出，呈瓣状，称为伞，伞的前部附着在卵巢上。②壶腹，是卵子受精的地方，位于管道靠近卵巢端的 1/3 处，有膨大，沿着壶腹向输卵管漏斗可以找到输卵管腹腔孔，称壶腹-峡接合处。③峡部，壶腹后子宫角方向输卵管变细，称峡部，峡部末端有输卵管子宫口直接与子宫角相通，输卵管与子宫口连接处称宫管连接部。

(2) 子宫　母猪为双子宫角型子宫，即子宫角很长，可达 1～1.5 m，而子宫体长 3～5 cm。子宫角长而弯曲，管壁较厚，直径为 1.5～3 cm。子宫颈长 10～18 cm，内壁上有左右两排相互交错的皱褶，中部较大，靠近子宫内外口的较小，子宫颈后端逐渐过渡为阴道。因此，当母猪发情时子宫颈口开放，精液可以直接射入母猪的子宫内。

(3) 阴道　约长 10 cm，除有环状肌以外，还有一层薄的纵行肌。

3. 外生殖器

(1) 尿生殖道前庭　为由阴瓣至阴门裂的一段短管，是生殖管道和尿道共同的管道，尿生殖前庭的副侧壁上，靠近阴瓣的后方有尿道外口，从外口至阴唇下角的长度为 5～8 cm。前庭分布有大量腺体，称为前庭大腺，相当于公猪的尿道球腺，是母猪重要的副性腺，其分泌的黏液有滑润阴门的作用，有利于公猪的交配。

（2）阴唇　构成阴门的两个侧壁，中间的裂缝称为阴门裂，阴唇的上下两个端部分别相连，构成阴门的上下两角。阴唇附有阴门缩肌。

（3）阴蒂　主要由海绵组织构成，阴蒂海绵体相当于公猪的阴茎海绵体，阴蒂头相当于阴茎的龟头，其见于阴门下角内。

（二）下丘脑-垂体-性腺的联系

1. 下丘脑　位于前脑的腔区，由多个神经核团构成。这些神经核团可以释放多种释放激素或抑制激素，这些激素化学结构为多肽类，包括生长激素释放激素、促甲状腺激素释放激素、促肾上腺皮质激素释放激素、促乳素释放激素以及它们的抑制激素或抑制因子，还有促性腺激素释放激素。其中与猪生殖活动有直接关系的有以下几种：促性腺激素释放激素（GnRH）、促乳素释放激素和抑制激素（PRF、PIF）、促卵泡激素（FSH）和促黄体素（LH）。卵巢及睾丸细胞中也存在着 GnRH 的受体，这表明 GnRH 可能对性腺也有某些直接作用。促乳素释放激素和抑制激素都是直接作用于垂体前叶，共同调节促乳素的释放。此外，下丘脑上存在着两个中枢，即紧张中枢和周期中枢，它们调控着母猪初情期后性周期的变化。

2. 垂体　位于下丘脑下方的空腔柄上，由两部分组成，通常称为前叶和后叶。尽管从组织学上看这两部分紧密相连，但从胚胎学的角度来说，它们分别来自完全不同的组织。垂体前叶是由胚胎上颚向上生长特化的外胚层组织分化形成，而垂体后叶则是由前脑底部向下生长的神经组织形成的，这种差异也反映在它们功能上的不同。由于垂体后叶是由前脑神经组织发生而来，所以它与大脑保持着直接的神经联系，这样大脑（下丘脑）可以通过通向垂体后叶的神经纤维有效地控制垂体后叶的功能；相反，垂体前叶不受神经支配，因而下丘脑控制它的功能不是通过神经纤维，而是通过其他途径。

下丘脑的核心区至垂体柄的表面及垂体前叶形成了一个复杂的毛细血管网的循环系统，而下丘脑的神经末梢与这些血管网相连，并通过这些神经末梢将释放激素或因子分泌到血管中，然后通过血管的门脉系统将它们运输到垂体前叶。这些释放激素或因子调节着垂体前叶激素的合成及分泌，而垂体后叶的激素实际上是在下丘脑的神经核团中合成的，并通过神经纤维运输到垂体后叶，并储存在垂体后叶。垂体前叶合成和分泌6种激素，它们分别是生长激素、促甲状腺激素、促肾上腺皮质激素、FSH、LH及促乳素，而垂体后叶则储存催产素和加压素。在这些激素中与生殖有直接关系的有FSH、LH、促乳素及催产素。

FSH主要作用于母猪卵巢上的卵泡，促进其启动、生长和发育，并与LH协同，促进卵泡的成熟。除此之外，它还可以作用于卵泡内膜细胞，使其分泌雌激素。而对公猪来说FSH具有刺激精子发生的作用。FSH能够刺激精细管上皮和精母细胞的发育，并在LH的协同下，使精子的发育完成。

LH主要作用于性腺、卵巢或睾丸。对于母猪而言，LH最主要的功能是促进卵泡的成熟、排卵。此外，它还具有促进黄体的生成、维持及促使黄体分泌孕酮的作用，而当LH作用于公猪睾丸间质细胞时则具有促进雄激素的分泌及精子成熟的作用。

促乳素可以作用于性腺和乳腺，作用于乳腺时可以促使乳腺泌乳，同时对卵巢的黄体具有促进生成和维持的作用，促进黄体分泌孕酮。此外，促乳素也可以刺激睾丸间质细胞分泌产生雄激素，并刺激雄性副性腺的发育。

催产素是由垂体后叶储存并释放的一种激素，在母猪交配或人工授精时，子宫颈由于受到了机械的刺激，而反射性地引起催产素的释放，刺激母猪子宫和输卵管的收缩，促使精子到达受精部位。而在不安或紧张的应激状态下，肾上腺素的释放对催产素的释放有抑制作用，因而可能会引起受胎率的下降。还有在仔猪出生前的很短时间里，当胎儿开始排出，也会刺激母猪子宫，从而引起催产素的释放，并导致子宫强烈收缩，使胎儿排出。另外，哺乳时仔猪对乳头的吸吮作用也会反射性地引起催产素的释放，并作用于乳腺肌上皮细胞，使乳汁从乳腺腺泡中排出。在公猪射精时，催产素还可以刺激睾丸腔及附睾管平滑肌的收缩，促进精子的排出，由于垂体后叶与下丘脑有着丰富的神经联系，神经刺激可直接引起催产素从神经末梢的释放，因此这种调节是非常迅速的。

3. 性腺　母猪的性腺是卵巢。卵巢上存在大量的卵泡，初情期，成熟的卵泡排卵后卵泡在LH的作用下形成黄体，并分泌孕酮，而卵泡细胞和卵泡内膜细胞可以产生雌激素，此外，卵巢除了可以分泌上述两种类固醇激素外，还可以分泌松弛素和卵巢抑素，这两种激素均为肽类激素。雌激素在发情周期对卵巢、生殖道和下丘脑及垂体的生理功能都有调节作用，表现为刺激卵泡发育，诱导发情行为；刺激子宫和阴道腺上皮增生、角质化，并分泌稀薄黏液，为交配活动做准备；刺激子宫和阴道平滑肌收缩，促进精子运行。雌激素在妊娠期，主要是刺激乳腺腺泡和管状系统发育，并对分娩启动具有一定作用。孕激素的主要形式是孕酮，由黄体细胞在 LH 作用下分泌。在生理状况下，孕激素主要与雌激素共同作用于雌性动物，通过协同和颉颃两种途径调节生殖活动。其主要生理功能是通过刺激子宫内膜腺体分泌和抑制子宫肌肉收缩而促进胚胎着床并维持妊娠。松弛素是在分娩前由卵巢分泌的短肽，主要作用是松弛产道以及有关的肌肉和韧带。卵巢抑素也是由卵巢分泌的短肽，主要是通过对下丘脑的负反馈作用，调节性腺激素在体内的平衡作用。

综上所述，垂体前叶分泌的促性腺激素（包括 FSH、LH 和促乳素）主要的靶器官是睾丸和卵巢，而性腺在促性腺激素的作用下，可以分泌性腺激素（雌激素、孕酮、松弛素和卵巢抑素），它们对生殖管道的组织、乳腺及第二性征的形成都有作用，同时这些性腺激素又调节着下丘脑和垂体的活性，并通过性腺激素对下丘脑的负反馈作用（有时也有正反馈作用）调节释放或抑制激素或因子的释放，从而影响猪的性行为、争斗行为及其他的行为构成。由下丘脑-垂体-性腺之间的这种相互关联又相互制约、调节的关系称为下丘脑-垂体-性腺轴。一个完整的下丘脑-垂体-性腺轴的激素调节系统应该包括 3 个反馈：①长反馈，由性腺分泌的激素直接作用于下丘脑，并调节下丘脑释放或抑制激素或因子的释放。在大多数情况下该反馈为负反馈，而只有当母猪达到初情期后，排卵之前性腺分泌的雌激素对下丘脑是正反馈作用，从而引起 GnRH 释放产生 LH 的排卵峰，排卵后该正反馈作用又转为负反馈作用。②短反馈，是指由垂体分泌的糖蛋白通过血液循环作用于下丘脑，通过调节下丘脑的释放或抑制激素或体内的平衡的调节方式。这类反馈均为负反馈。③超短反馈，是指由下丘脑分泌的释放或抑制激素或因子通过下丘脑通向垂体的血管网门脉系统再直接作用于下丘脑，从而维持下丘脑释放或抑制激素或因子的平衡。近年来，随着科学技术的发展，人们对猪生殖生理的研究也更加深入，除了下丘脑-垂体-性腺轴的调节系统以外，已经发现了一些可能直接作用于卵巢的调节因子。这些重要的研究成果必将极大地丰富人们对猪生殖生理的认识。

（三）卵巢、卵母细胞和卵泡的形成

1. 卵巢的形成　卵巢的形成首先决定于猪的遗传性别。哺乳动物雌性性染色体组的组成形式为 XX，而雄性为 XY。来自母亲的卵子只携带一个 X 性染色体，而来自父亲的精子则可能携带 X 或 Y 性染色体，因此胚胎的遗传性别决定于受精时精子所携带的性染色体的类型。当携带 X 性染色体的精子与携带 X 性染色体的卵子受精时则后代的性染色体组为 XX，为雌性，反之则为雄性。一般认为雌性产生 X 和 Y 精子的数量是相等的，并且具有相同的机会受精，这就保证了其后代雄性与雌性的比例基本相等。在受精后的 2～3 周胚胎分化，出现原始肾，这时起源于卵黄囊的原始生殖细胞迁移至原始肾上，并分化成生殖脊。如果这时胚胎的遗传性别为雌性（XX），则性腺分化为具有大量原始卵黄细胞的一对卵巢；如果这时胚胎的遗传性别为雌性（XY），则性腺分化为一对睾丸，在性腺的髓部形成细长盘绕的精细管。

2. 卵母细胞的形成　卵原或性原细胞在胚胎性别分化完成之后，即卵巢形成之后就以有丝分裂的方式成倍增长，这种增长一直要延续到母猪妊娠的中后期才停止。在卵原细胞不断增殖后的短时间内，一部分卵原细胞开始进入减数分裂，并开始形成初级卵母细胞，同时这些初级卵母细胞被单层扁平卵泡细胞所包裹形成原始卵泡。这些初级卵母细胞有些停止发育，有些继续发育，其中大部分将退化闭锁。这种卵原细胞的增殖与卵母细胞的退化闭锁相重叠，直到卵原细胞的增殖停止才结束，这时卵原细胞的数量不再增加，此时胎儿卵巢上卵原细胞的数量最多。此后，随着卵泡的退化和闭锁，当然也有少数排卵，卵巢上卵母细胞的绝对数量只能减少不会增加。由此可见，母猪出生时卵巢上已经储备了成千上万个卵母细胞，而其中仅有很小的一部分可以最终排卵，足见母猪繁殖的巨大潜力。

3. 卵泡的形成　卵原细胞的增殖及卵母细胞形成之后，卵母细胞必须由卵泡细胞包裹才具有生长、成熟及排卵的能力。因此，当卵母细胞被单层扁平卵泡细胞所包裹时，其复合体称为原始卵泡，此后单层卵泡细胞不断发育为柱形，卵母细胞也开始变大，并在卵母细胞与卵泡细胞之间出现一层透明的膜状保护层，称为透明带。关于透明带的来源多数认为是卵母细胞分泌物的产物，它是一层半透膜，不仅保护卵母细胞免受不利环境的影响，同时还可以通过半

透膜有选择地吸收或排出某些物质，以维持卵母细胞的代谢活动。这时的卵泡称为初级卵泡。随着卵泡的发育，包裹在卵母细胞外的卵泡细胞也由单层变为多层，卵母细胞也不断生长、变大，这时卵泡称为次级卵泡。当卵泡继续生长并在多层卵泡细胞之间出现许多互不相连且充满卵泡液的腔时，此时的卵泡称为三期卵泡。当卵泡腔不断增大，并在卵泡中形成一个充满卵泡液的卵胞腔时，卵母细胞在多层有序排列的卵泡细胞当中，被推向卵泡壁的一侧，形成半岛状的形态，这个半岛状的卵母细胞与卵泡细胞的复合体称为卵丘。这时的卵泡称为葛拉夫氏卵泡。卵泡继续发育，卵丘便在溶解酶的作用下逐渐被溶解，卵母细胞及包裹在外面的多层卵泡细胞开始游离于卵泡液中，形成成熟卵泡或排卵卵泡。

一个卵泡从原始卵泡发育到成熟卵泡的过程，不仅有卵泡细胞形态学上的变化，如扁平-高柱及单层-多层，卵泡腔及体积的增大，还包括卵母细胞质和核的成熟过程。其中核成熟的重要标志是排出第一极体，表明第一次减数分裂已经完成，并中止在第二次减数分裂中期的核网期，只有当排卵前 LH 的排卵峰释放之后，这种休止才能被重新打破，卵母细胞复苏，继续其减数分裂的过程。卵泡细胞对卵母细胞提供支持和营养的作用，同时它也具有内分泌的功能，主要分泌雌激素，引起生殖管道及乳腺的生长，促进第二性征的形成，并且还影响着母猪的性行为。值得注意的是，尽管猪是多胎动物，但就其卵泡发育过程而言，能够完成卵泡发育并排卵的卵泡是很少的，大多数的卵泡在其发育的各个阶段途中发生了退化和闭锁，而不能最终排卵。

（四）生殖管道的形成

早期胚胎虽然遗传性别已经由性染色体所决定，但是仍然具有形成雄性或雌性的潜力。这是因为早期胚胎存在着两套原始生殖管道，沃夫氏管（Wolffian）和缪勒氏管（Mullerian）。当沃夫氏管发育时，就形成了雄性生殖管道，而缪勒氏管发育时则形成雌性生殖管道。在正常情况下，一套生殖管道的发育就意味着另一套的退化。雌性胎儿在出生前，其生殖管道的形态已可以识别。其中输卵管、子宫角是成对的，此外还有子宫体、子宫颈和阴道，这些管道具有各自特定的解剖和组织学结构，从而表现出其特殊的生理功能，例如母猪有两条很长的子宫角及一个很短的子宫体，这种子宫的结构正好适应了母猪多胎的需要。此外，母猪的副性腺也与生殖管道有关，它们主要分布在子宫颈及阴道前庭的内壁，这些腺体所分泌的大量黏液在交配、妊娠及分娩时都起着十分重要的作用。

（五）初情期和适配年龄

1. 初情期　是指正常的青年母猪达到第一次发情排卵时的月龄。这个时期的最大特点是母猪下丘脑-垂体-性腺轴的正、负反馈机制基本建立。在接近初情期时，卵泡生长加剧，卵泡内膜细胞合成并分泌较多的雌激素。其水平不断提高，并最终达到引起 LH 排卵峰所需要的阈值，使下丘脑对雌激素产生正反馈，引起下丘脑大量分泌 GnRH 作用于垂体前叶，导致 LH 急剧大量分泌，形成排卵所需要的 LH 峰。与此同时，大量雌激素与少量由肾上腺所分泌的孕酮协同，使母猪表现出发情的行为。当母猪排卵后下丘脑对雌激素的反馈重新转为负反馈调节，从而保证了体内生殖激素的变化与行为学上的变化协调一致。母猪的初情期一般为 5～8 月龄，平均为 7 月龄，但我国的一些地方品种可以早到 3 月龄。母猪达初情期时已经初步具备了繁殖力，但由于下丘脑-垂体-性腺轴的反馈系统不够稳定，表现为初情期后的几个发情周期往往时间变化较大，同时母猪身体发育还未成熟，体重为成熟体重的 60%～70%。如果此时配种，可能会导致母体负担加重，不仅窝产仔数少、初生重低，同时还可能影响母猪今后的繁殖。因此母猪不应在初情期配种。

影响母猪初情期到来的因素有很多，但最主要因素的有两个：一是遗传因素，主要表现在品种上，一般体型较小的品种较体型大的品种到达初情期的年龄早；近交使初情期推迟，而杂交则使初情期提前。二是管理方式，如果一群母猪在接近初情期与一头性成熟的公猪接触，则可以使初情期提前。此外，营养状况、舍饲、畜群大小和季节都对初情期有影响，例如一般春季和夏季比秋季或冬季母猪初情期来得早。我国的地方品种初情期普遍早于引进品种，因此在管理上要有所区别。

2. 适配年龄　在保证不影响母猪正常身体发育的前提下，要获得初次配种后较高的妊娠率及窝产仔数，这就必须选择好初次配种的时间。从生产角度来说的最佳配种时间称为适配年龄。由于初情期受品种、管理方式等诸多因素影响而出现较大的差异，因此湘村黑猪一般以初情期后隔 2 个或 3 个情期配种为宜，即初情期后 1.5～2 个月时的年龄为适配年龄。如果配种过晚，尽管有利于提高窝产仔数，但由于母猪空怀时间长，在经济上是不划算的。

（六）发情周期、发情行为和发情鉴定

1. 发情周期　青年母猪初情期后未配种则会表现出特有的性周期活动，这种特有的性周期活动称为发情周期。一般将第一次排卵至下一个排卵的间隔时间称为一个发情周期。母猪的一个正常发情周期为 20～22 d，平均为 21 d，但有些特殊品种又有差异，如我国的小香猪一个发情周期仅为 19 d。

猪是一年内多周期发情的动物，全年均可发情配种，这是家猪长期人工选择的结果，而野猪则仍然保持着明显的季节性繁殖的特征。母猪体内的各种生殖激素相互协调着母猪卵巢、生殖管道及外部表现的变化。当母猪排卵后，卵子通过输卵管伞部进入输卵管中，而排卵后残存在排卵卵泡内的血液及颗粒细胞在 LH 的作用下内缩并且黄体化。它们首先形成红色的肉质状的实质性组织，称为红体，然后逐渐变化，突出于卵巢表面形成黄体，如果排出的卵子可以受精，则黄体分泌的孕酮可以始终保持在一个较高的水平，一方面抑制雌激素水平的上升，控制发情的再次出现，另一方面与少量雌激素共同作用于生殖管道，为胚胎的发育准备好营养及提供良好的生存环境，如子宫腺体的增长、上皮加厚。但如果母猪发情排卵后没有交配或没有妊娠，那么黄体保持至周期的后期，在子宫内膜产生的前列腺素 $F_{2\alpha}$（$PGF_{2\alpha}$）作用下逐渐萎缩退化，于是，孕酮分泌量急剧减少，下丘脑也逐渐脱离孕酮的抑制。这时，腺垂体又释放 FSH，使卵巢上新的卵泡又开始生长发育。与此同时，生殖道转变为发情前状态，随着黄体完全退化，多个卵泡在垂体促性腺激素的作用下逐渐成熟，并分泌大量雌激素。当其达到一定高水平时，母猪重新出现发情行为，并诱发下丘脑产生正反馈，引起 GnRH 和 LH 的升高，最终导致排卵。

由此可以看出，在一个正常的母猪发情周期中，卵泡排卵后形成黄体至黄体被溶解的阶段，孕酮处于优势的主导地位，称为黄体期（15～16 d），而卵泡生长发育及排卵前的一段时间，孕酮水平低，称为卵泡期（5～6 d）。发情持续期是指母猪出现发情症状到发情结束所持续的时间，这里指的发情症状除了行为学上的，还包括生殖管道，即生理变化。母猪的发情持续期一般从外阴唇出现红肿至完全消退为 60～72 h，而排卵的时间则出现在有发情表现后的 36～40 h，也就是在 LH 排卵峰出现之后的 40～42 h。当然，在营养状况不好时或初情期时发情持续期相对短些。

2. 发情行为　母猪发情行为主要是由于雌激素与少量孕酮共同作用于大

脑中枢系统与下丘脑，从而引起性中枢兴奋的结果。在家畜中，母猪发情表现最为明显。在发情的最初阶段，母猪可能吸引公猪，并对公猪产生兴趣，但拒绝与公猪交配；阴门肿胀，变为粉红色，并排出有云雾状的少量黏液。随着发情的持续，母猪主动寻找公猪，表现出兴奋，对外界的刺激十分敏感。当母猪进入发情盛期时，除阴门红肿外，背部僵硬，并发出特征性的叫声。在没有公猪时，母猪也接受其他母猪的爬跨；当有公猪时，站立不动，母猪两耳竖立细听，若有所思地呆立。若有人用双手扶住发情母猪腰部用力下按，则母猪站立不动，这种发情时对压背产生的特征性反应称为"静立反射"或"压背反射"，这是准确确定母猪发情的一种方法。

3. 发情鉴定　发情鉴定的目的是预测母猪排卵的时间，并根据排卵时间而准确确定输精或者交配的时间。由于母猪发情行为十分明显，因此一般采用直接观察法，即根据阴门及阴道的红肿程度、对公猪的反应等可检出。

规模化猪场常采用有经验的试情公猪进行试情，如果发现母猪呆立不动，可对该母猪的阴门进行检查，并根据压背反射的情况确定其是否真正发情。外激素法是近年来发达国家猪场用来进行母猪发情鉴定的一种新方法。采用人工合成的公猪性外激素，直接喷洒在被测母猪鼻子上，如果母猪出现呆立、压背反射等发情特征，则确定为发情。这种方法简单，避免了驱赶试情公猪的麻烦，特别适用于规模化猪场。此外，还可以采用播放公猪叫声录音、观察母猪对声音的反应等方法进行发情鉴定。工业化程度较高的国家广泛采用了计算机的繁殖管理，根据每天可能出现发情的母猪进行重点观察，不仅大大降低了管理人员的劳动强度，同时也提高了发情鉴定的准确程度。

（七）母猪的排卵机理及排卵时间

1. 排卵机理　母猪的排卵机理目前比较清楚。成熟的卵泡不是依靠卵泡的内压增大、崩解排出卵母细胞的，而是卵泡内压先降低，在排卵前 1 h 或 20 h，卵泡膜被软化变松弛，这主要是由于卵泡膜中酶发生变化，引起靠近卵泡顶部细胞层的溶解，同时使卵泡膜上的平滑肌的活性降低，这样就保证了卵泡液流出并排出卵子时，卵泡腔中的液体没有全部被排空。而这一系列的排卵过程都是由于卵泡中雌激素对下丘脑产生的正反馈，引起 GnRH 释放增加，刺激垂体前叶释放 LH 的排卵峰，FSH 和 LH 与卵泡膜上的受体结合而引起的。此外，子宫分泌的 $PGF_{2\alpha}$ 也对卵泡的排卵有刺激作用。

2. 排卵时间 母猪雌激素的水平不仅代表了卵泡的成熟性，而且也通过下丘脑来调节发情行为与排卵的时间。排卵前所出现的 LH 峰不仅与发情表现密切相关，而且与排卵时间有关。一般 LH 峰出现后 40～42 h 出现排卵。由于母猪是多胎动物，在一次发情中多次排卵，因此排卵最多时是出现在母猪开始接受公猪交配后 30～36 h，如果从开始发情，即外阴唇红肿算起，则排卵发生在发情 40 h 之后。母猪的排卵数与品种有着密切的关系，一般在 10～25 个。我国的太湖猪是世界闻名的多胎品种，平均窝产仔为 15 头，如果按排卵成活率为 60% 计算，则每次发情排卵数在 25 个以上，而一般引进品种的窝产仔数在 9～12 头。排卵数不仅与品种有关，而且还受胎次、营养状况、环境因素及产后哺乳时间长短等影响。从初情期起，头 7 个情期，每个情期大约可以提高一个排卵数，而营养状况好有利于增加排卵数，产后哺乳期适当且产后第一次配种时间长也有利于增加排卵数。

湘村黑猪种母猪 7 月龄、体重达 90 kg 以上即可配种，湘村黑猪平均发情周期为 21 d，持续期 2～5 d，配种宜于发情后 48 h 内进行，一个发情周期可配种 1～2 次，间隔时间应在 18 h 以上。产前 15 d 冲洗消毒产房，产仔前 7 d，将待产母猪用温水清洗和带体消毒后赶入产房，分娩前用高锰酸钾消毒乳房和外阴，适时按摩乳房，产仔前 3 d 适当减少饲喂量，产仔当天停喂，产仔后逐步增加饲喂量至正常食量，断奶前 3 d 减料，断奶当天停喂，人工催情应在哺乳母猪断奶后 15 d 以上。

第二节　湘村黑猪种猪选择、利用与等级鉴定

一、种猪的选择

（一）种公猪的选择

1. 挑选种公猪的要点

（1）无遗传疾患、健康　后备公猪一定要来自无任何遗传疾患的家系，选择生长发育正常、精神活泼、健康无病、体重处于同窝均重以上的个体。同时要注意常见的疝气、隐睾、偏睾、乳头排列不整齐、瞎乳头、副乳头、火山乳头的个体不要选留。

（2）体型外貌的选择　后备公猪的体型外貌首先应具有明显的湘村黑猪品种特征，如毛色、耳型、头型等。其次颌部不下垂、前胸宽广、四腿强壮（尤其是后腿）、脚趾均匀、步伐和姿态平稳、站立时两腿距离较宽、背腰平直、腹部收缩好。

（3）繁殖性状的选择　繁殖性状是种公猪非常重要的性状。后备公猪应具有良好的外生殖器官，选择睾丸发育良好、左右对称且松紧适度、包皮无积液、性欲好、精液品质良好的个体。

（4）生长性状选择　后备公猪生长性状包括生长速度、饲料利用率、背膘厚、体尺性状。后备公猪应选择本身和全同胞生长速度快、饲料利用率高、背膘薄的个体。

（5）胴体性状的选择　胴体性状只能是通过全同胞的屠宰测定获得，后备公猪应选择全同胞屠宰率高、眼肌面积大、瘦肉率高、肉质好的个体。

（6）综合指数的选择　三代系谱清楚，性能指标优良，选择综合选择指数值大的，说明该猪综合性能较好。

2. 后备公猪的选择时期　后备公猪有2月龄、4月龄、6月龄和配种前等时期的多次选择。

（1）2月龄选择　2月龄主要是初选，选留依据是亲代的繁殖成绩、产仔数、育成仔猪数、同窝内仔猪发育的均匀度、断奶窝重、毛色以及有无遗传疾患（重点是旋毛及脐疝者）。毛色分离严重、遗传缺陷者及携带应激敏感基因个体全窝淘汰。尽量做到从大窝中选个体大、无遗传缺陷的，要尽量多留。

（2）4月龄选择　主要是淘汰生长发育较差、品种特征不明显者，或逐渐暴露出遗传疾患、体型外貌不符合选育目标要求者。

（3）6月龄选择　为精选阶段，根据体型外貌、生长发育、性成熟表现、外生殖器官的好坏、背膘厚等性状进行严格的选择，按育种值大小选留综合指数值大于100分的个体，尽量选择综合指数值在110分以上个体，公猪选留率须<5%。

（4）配种前选择　淘汰生长发育差、有遗传疾患和繁殖障碍者及疫病检测不合格个体，最终确定优良后备猪，更新核心群及扩繁群结构。

（二）种母猪的选择

母猪的选择、培育、饲养是猪场持续稳定提高生产效率的关键。培育母猪的任务就是获得体格健壮、发育良好、具有品种典型特征和高度种用价值的种猪。

为了使生产持续较高的生产水平，每年必须补充占基础母猪群的25％～30％的后备母猪，以替代年老体弱、繁殖性能低下的种母猪。只有使种猪群保持以青壮年种猪为主体的结构比例，才能保持并逐年提高养猪生产水平和经济效益。

1. 后备母猪的选留

（1）出生时　主要是窝选。要求父母的生产成绩优良，同窝总产仔数在12头以上；同窝仔猪中无遗传缺陷，如锁肛等。对个别体重超轻、乳头在6对以下的仔猪不予选留。

同窝仔猪中公猪所占比例过高不予选留。窝总产仔数达12头且公猪所占比例超过67％，则同窝的母猪不宜作为后备母猪，而只能作为商品猪饲养（对于来自公猪较多的仔猪群的后备母猪，其配种成功率较低）。

（2）断奶时　断奶时选种也主要是窝选。从产仔数多、成活率高、断奶窝重大、同窝仔猪生长发育整齐的窝中选留发育良好的仔猪。要求同窝仔猪中无疝气、隐睾等遗传疾病。

（3）4月龄　要求生长发育良好，骨骼匀称，体格健壮，四肢及蹄部强健有力，行走平稳；尾高且粗，被毛光亮柔顺，身体肥瘦适度。

体型外貌应具有本品种的典型特征，如毛色、耳型、背腰长短、体躯宽窄、四肢粗细长短等。

乳房发育良好，乳头6对以上，排列整齐，无乳头缺陷（瞎乳头、副乳头等）。

应挑选阴户发育较大且下垂的个体，阴户发育过小而上翘的母猪往往是生殖器官发育不良的个体。

（4）6月龄　后备母猪在6月龄时各组织器官已经有了一定程度的发育，优缺点更加突出明显。该阶段以选择指数选种为主，根据留种数的多少，按指数从高到低选留个体。

（5）配种前　这是后备母猪初配前的最后一次选择。淘汰个别性器官发育不良、发情周期不规则、发情症状不明显的后备母猪，淘汰有繁殖疾病及其他疾病的个体。

2. 成年母猪的选留　成年母猪每次断奶后，都应根据繁殖性能、胎次、健康状况及时对其进行选留，以保证下个繁殖周期的生产性能。成年母猪的淘汰应遵循以下原则：①连续配种 3 次没有受胎，或连续 2 个情期发情拒配的母猪；②断奶后 2 个月不发情的母猪；③哺育性能差的母猪（咬仔、拒乳、无乳等）；④窝产活仔数连续 2 胎在 5 头以下的母猪；⑤习惯流产的母猪；⑥子宫炎久治不愈的母猪；⑦患有肢蹄病影响生产力的母猪；⑧6 胎及以上，繁殖性能下降的母猪。

二、种公猪的利用

种公猪配种能力、精液品质优劣和使用年限的长短，不仅与饲养管理有关，而且取决于初配年龄和利用强度。

1. 初配年龄　7～9 月龄、体重 90～120 kg 时开始配种使用。一般种公猪的利用年限为 2～3 年，老龄公猪应及时淘汰更新。

2. 利用强度　本交，1 头公猪可负担 20～30 头母猪的配种任务。目前，生产中一般采用人工授精，人工授精 1 头公猪可负担 100～150 头母猪的配种任务。1～2 岁的青年公猪每周配种或采精 1～2 次；2 岁以上的公猪，在饲养管理水平较高的情况下，每天可配种 3～4 次。如日配 2 次，间隔时间要达到 6～9 h，连配 4～6 d 应休息 1 d，未成年的后备公猪初配强度不宜过大，每 2 d 配种 1 次。

3. 精液检测　采用本交的精液要定期检测，每月最少 1 次，以便发现问题及时解决；采用人工授精的，采精后应立即检测，精液检查包括精液的量、气味、色泽、活力、密度和畸形精子率。

三、种猪的等级鉴定

种猪等级鉴定由生长后备猪 6 月龄选择指数、6 月龄体重、种猪成年体长和繁育性能及哺育性能等组成，其等级划分及等级标准如下。

（一）生长后备猪 6 月龄的选择指数等级划分

后备猪生长发育性能鉴定以体重、体高与体长性状作为标准，采用下列公、母猪综合选择指数公式：

$$I_{公猪}=0.430P_1+0.172P_2+0.491P_3$$
$$I_{母猪}=0.393P_1+0.175P_2+0.470P_3$$

式中，$I_{公猪}$ 为公猪选择指数；$I_{母猪}$ 为母猪选择指数；P_1 为体重（kg）；P_2 为体高（cm）；P_3 为体长（cm）。

依据表 4-1 所列的数据划分等级。

表 4-1　生长后备猪 6 月龄选择指数等级标准

等级	特等	一等	二等	三等
I（指数值）	≥115	115～110	110～100	100～90

注：等级内只包含下限值，但不包含上限值，例如 90 属于三等，而 100 属于二等，下同。

（二）生长后备猪 6 月龄的体重等级划分

在没有条件采用选择指数进行鉴定时，可以体重为标准，依据表 4-2 所列数据划分等级。

表 4-2　生长后备猪 6 月龄体重等级标准（kg）

性别	特等	一等	二等	三等
公	≥95	95～85	85～75	75～65
母	≥100	100～90	90～80	80～70

（三）成年种猪的体长等级划分

成年种猪的生长发育性能鉴定以体长为标准，依据表 4-3 所列数据划分等级。由于成年公猪体长性状的群体值为（156.05±9.05）cm，与母猪的群体值（154.43±10.96）cm 相近，并且按照以标准差为衡量依据的正态分布原理，核算的公、母猪体长分级标准基本一致，所以湘村黑猪的成年种猪的鉴定标准如表 4-3 所示。

表 4-3　湘村黑猪成年种猪的体长等级标准（cm）

等级	特等	一等	二等	三等
种猪	≥170	170～160	160～155	155～145

（四）繁育性能的等级鉴定

1. 母猪繁育性能选择指数的计算　在外貌特征和生长发育符合本品种标准的基础上，用下列公式计算选择指数：

$$I_{初产} = 7.225P_1 + 0.452P_2$$

$$I_{经产}＝5.997P_1＋0.342P_2$$

式中，$I_{初产}$为初产母猪的选择指数；$I_{经产}$为经产母猪的选择指数；P_1为产仔数（头）；P_2为 21 日龄窝重（kg）。

2. 母猪繁育性能选择指数的等级划分　在一个 142 d 繁育生产周期内，以母猪每头每日获得消化能 33.23 MJ 的条件下，繁育性能的指数等级划分如表 4 - 4 所示。

表 4 - 4　母猪繁育性能选择指数及其等级的划分

等级	特等	一等	二等	三等	不列等
I（指数值）	≥120	120～110	110～95	95～75	＜75

所有核心群淘汰同批次母系指数最低的 15％的断奶母猪，母猪年更新率 33％，公猪使用 1.5 年左右，年更新率 67％。

核心群所有的猪均实行避开全同胞、半同胞的交配制度，各血统等量配种及各家系等量留种，优良血统家系可多配多留。

第三节　湘村黑猪种猪性能测定

一、种猪性能测定的分类

种猪性能测定根据场所的不同，可分为场内测定（临床、农场）和中心（集中、站）测定。场内测定是指所有性状测定在猪场内进行；中心测定是指性状的测定均在特定的中心测定站进行。根据对象的不同，可分为个体测定、同胞测定和后代测定。个体测定是指对需要估计性能素质的个体直接进行测定；同胞测定是指对需要估计性能素质个体的半同胞和全同胞进行测定；后代测定是指根据后代的生产性能和外貌等特征来估测种畜的育种值和遗传组成，以评定其种用价值。根据测定性状的不同，可分为生长性能测定、繁殖性能测定、胴体性状测定、肌肉品质测定、精液品质测定等。

二、种猪场场内测定操作规程

（一）测定对象、数量与要求

1. 测定对象　包括后备公猪、后备母猪、繁殖母猪群。

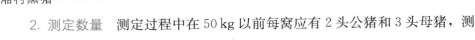

2. 测定数量　测定过程中在 50 kg 以前每窝应有 2 头公猪和 3 头母猪，测定结束时每窝应有 1 头公猪和 2 头母猪。

3. 受测猪要求

（1）开展生长性能测定的受测猪必须是来自核心群的后代，血缘清楚，符合本品种特征。个体号和父母亲个体号必须准确无误，出生日期、断奶日期等记录完整，并附有三代以上系谱记录。

（2）受测猪必须健康、生长发育正常，无外形缺陷和遗传缺陷，肢蹄结实。有效乳头要求在 6 对以上，排列整齐，无瞎乳头、内翻乳头等，公猪睾丸和母猪外阴发育良好。受测猪在测定 1 周前完成常规免疫和体内外驱虫。

（3）开展繁殖性能测定的种猪血缘清楚，发情、配种、受胎正常。

（二）测定条件

1. 测定舍　测定舍的环境条件应一致，温度应在 15～24℃，相对湿度应在 60%～80%，通风良好。

2. 测定设备　个体笼称 1～2 台、B 超仪和自动计料系统（或全自动种猪生产性能测定系统）。

3. 测定人员　有专职的测定员。

4. 饲养管理　受测猪应由技术熟练的饲养员喂养。做好测定舍的温湿度控制，自由采食、自由饮水。饲料营养水平保持一致，保证饲料质量。

（三）生长性能测定

1. 测定指标

（1）达 90 kg 体重日龄　受测猪在体重达到 85～105 kg，停料不停水 12 h 以上称重，记录测定日期、实测体重，并进行校正。

（2）90 kg 体重活体背膘厚　受测猪体重达到 85～105 kg 时测定活体背膘厚。采用 B 超仪测定倒数第 3～4 肋之间、距背中线左侧 5 cm 处皮肤和皮下脂肪的厚度，即活体背膘厚。

（3）90 kg 体重活体眼肌面积　在测定活体背膘厚的同时，利用 B 超仪扫描测定同一部位的眼肌面积。

（4）20～90 kg 平均日增重　受测猪体重达（20±3）kg 时用笼称称量初始体重，85～105 kg 时用笼称称量期末体重，则平均日增重＝（期末体重－初始体重）/测定天数。

（5）饲料转化率　受测猪在测定期间每单位增重所消耗的饲料量。在20～90 kg体重阶段每单位增重所消耗的饲料量的计算公式为：饲料转化率＝饲料总耗量/期间总增重。

2. 测定方法

（1）测定猪群　测定猪来自核心群猪后代，每周查看已分娩母猪，备案核心群母猪产仔窝数、仔猪公母数量及仔猪个体号。

（2）初选　测定猪应于60日龄左右、体重达20～25 kg时转入测定舍，按体重、性别分群，每圈10～15头。进入正式测定前应进行7～10 d的预饲。测定猪群的系谱等档案资料随测定猪群转交给测定员保管。

（3）始测　测定猪在70日龄左右、体重达到27～33 kg时，用笼称称量个体重，并记录。

（4）终测　当体重达到85～105 kg时称重并用B超仪测定背膘厚和眼肌面积。计算日增重、饲料转化率。

（5）数据处理　测定结束后整理数据，将测定数据登记在育种软件的表格中。

（6）性能评定　通过育种软件对数据进行最佳线性无偏预测（BLUP）分析，从而确定每头猪选择指数的高低。结合体型体貌特征，进行后备猪选留。

（四）繁殖性能测定

1. 测定指标　包括总产仔数、产活仔数、初生重、初生窝重、断奶仔猪数、断奶窝重、21日龄校正窝重。

2. 测定方法

（1）总产仔数测定　出生时同窝的仔猪总数，包括死胎、木乃伊胎和畸形胎。记录总产仔数的同时记录母猪胎次。

（2）产活仔数测定　出生24 h内同窝存活仔猪数，包括衰弱和濒死的仔猪。记录时按胎次、窝进行。

（3）初生重和初生窝重测定　于仔猪出生12 h内称量存活仔猪的个体重。全窝存活仔猪个体重之和为初生窝重。

（4）断奶仔猪数测定　包括寄入的仔猪，但是不包括寄出的仔猪。

（5）断奶窝重测定　断奶时的全窝仔猪的总重量，包括寄入的仔猪，寄出的仔猪体重不计在内。断奶窝重作为母猪泌乳力的重要指标，14日龄以前和38日龄以后的断奶窝重不能计入，以保证21日龄校正窝重的准确性。

（6）21日龄校正窝重测定　根据实际断奶窝重和称重日龄的校正因子计算得出。

第四节　湘村黑猪选配原则与方法

一、选配原则

包括：公、母猪按不同来源家系间交配，以汇集优良基因；实施开放与闭锁相结合，采用不完全随机交配制度，避开全同胞或半同胞；以经产定终选，凡出现高产仔数成绩的母猪，均可世代重叠、重复选配；凡优秀的公猪，可有计划地实行近交，以累积优良基因；依据头型、毛色的表现型进行选配，以控制种群的理想结构。

二、选配方法

有计划地为湘村黑猪母猪选择适宜的交配公猪，既能促使有益基因结合起来，产生更多优良的后代，以不断提高猪群的品质，又可以减少猪群的近交情况，避免近交衰退。湘村黑猪的选配工作主要是在控制血缘的基础上进行同质或异质选配（同质选配为主，异质选配为辅）。

（一）同质选配

同质选配是选用性能、性状表现一致的或育种值相似的公、母畜配种，以获得与亲代相似的优良后代。同质选配可以增加纯合基因型频率、固定优良性状、对群体进行选优提纯、降低杂合型的基因频率。

通过选种过程可以保证有源源不断的同质选配"材料"，但这只能保证具有显著优势的后备待选猪群进入同质选配群体。为了保证同质选配持续良性发展，还必须对生产群（生产母猪、生产公猪）进行亲缘关系分析，保证在一定亲缘系数的前提下进行选配，防止同质选配带来的近交隐患。

获得高产方向的后代个体后，需持续跟踪其生长状况，最终选留测定成绩最优异的后代个体作为后备种猪继续繁殖下一代，以此类推可进行世代选育，几个世代后可获得可观的遗传进展。因此跟踪和选留同质选配产生的优势个体便显得十分重要。

同质选配能够巩固和加强亲本都具有的优良性能，使亲本的优良性状稳定遗传给后代，并不断增加畜群中具有这种优良性状个体的频率，从而提高群体的遗传品质。

同质选配能降低群体的变异，常采用此法来提高猪群的一致性和遗传稳定性，但也不可长期进行，因为长期封闭选育，近交系数增大，后代适应性降低，生活力下降，对环境的适应范围缩小，猪群中原本不显著的缺点更加显著。因此，在种猪选育中，要定期引进高产公猪精液，更换种公猪血缘，维持核心群体优良性状的长期稳定。

（二）异质选配

选择性状不同或性状相同而性能表现不一致的公、母猪交配。所选择的性状应该是公、母猪的优良性状。这种选配方式既可以使后代的品质得到改进，又有机会将两种分别来源于公猪和母猪的不同优良性状遗传给后代。

第五节　提高湘村黑猪繁殖成活率的途径与技术措施

1. 提高母猪年产胎数

（1）加强妊娠母猪和哺乳母猪的饲养管理　母猪妊娠初期、后期和母猪哺乳初期应加喂精饲料和矿物质饲料；母猪妊娠中期则相反，应多喂粗饲料及青饲料，适量加入精饲料。妊娠母猪若营养不足，过分瘦弱，易引起胎儿早期被吸收、中途死胎或流产；如营养过剩，过分肥胖，则又会引起难产、产死胎或弱胎。哺乳母猪初期营养不良，会出现乳汁不足，继而造成仔猪瘦弱，抗细菌病毒能力差，极易染病死亡。同时还要避免用发霉、变质、冰冻、有毒和刺激性的饲料饲喂妊娠母猪，原因是其易引起母猪流产和产死胎。此外还要促使母猪适当运动，多晒太阳，以增强体质。

（2）加强母猪哺乳后期和空怀期的饲养管理　母猪哺乳后期和空怀期应多喂粗饲料，适量加入精饲料，以促使母猪保持七八成膘，保证配种时有不肥不瘦的体况，因为过肥或过瘦对母猪正常排卵和发情均有影响。

2. 提高母猪窝产仔数

（1）掌握时机、适时配种　母猪一般在发情后的 24～36 h 开始排卵，排卵持续时间为 10～15 h，卵子在输卵管内能存活 8～12 h。排卵前 6 h 配种，胚胎成活率为 88%，排卵后 14 h 配种，胚胎成活率仅有 36%，说明配种时间越迟，胚胎死亡率越高。因此适时配种十分重要。

湘村黑猪母猪的静立反应非常明显，因此配种时间的掌握比较简单，一般发情后每隔 24 h 输精 1 次，受胎率最高。经产母猪一般发情持续期短，排卵时间较早，配种时间要适当提前，最好是当天早晨发情，当天晚上就配种 1 次。湘村黑猪是利用地方猪培育而成，发情期较早，后备母猪的初配体重建议要达到 90 kg 以上。

（2）注意妊娠母猪的早期管理　妊娠早期特别是配种后的半个月内，由于胚胎还未在子宫内着床，缺少胎盘保护，因此容易受到不良因素的影响，引起部分胚胎发育中断或死亡。因而加强母猪这一阶段的管理，是防止各种应激造成胚胎死亡、提高窝产仔数的关键。

（3）注意环境因素　母猪妊娠后的 21 d 对热很敏感，尤其是妊娠的前 7 d，妊娠母猪在 32～39℃ 的持续高温下生活 24 h，胚胎死亡率就会增加。因此在母猪妊娠的前 21 d 内，要设法不让舍内气温超过 27℃，如在夏季妊娠，应采用必要的降温措施，保持舍内凉爽。此外还要给妊娠母猪增加光照时间，以减少胚胎死亡，提高产仔数。

3. 提高仔猪育成数

（1）吃足初乳　初乳中各种营养物质水平高于常乳，并含有较多镁盐，利于排出胎粪；而且酸度也高于常乳，能促进消化器官活动；更重要的是含有大量抗体，可提高仔猪免疫力。因此应在仔猪出生后使其尽早吃足初乳，最迟不超过 3 h。

（2）固定乳头　母猪每次放乳时间只有 10～20 s，如果仔猪吃乳的乳头不固定，就会争夺乳头，强夺弱食，既干扰了母猪的正常泌乳，又导致仔猪的发育不齐，致使弱小仔猪瘦弱死亡，因此应在仔猪出生后 2 d 内固定乳头。同时母猪胸部乳头比腹部乳头乳量多、质量好，应让弱小仔猪吮吸胸部乳头，使全窝仔猪均衡发育。

（3）补铁补料　铁是造血的原料，初生仔猪体内储备的铁只有 30～50 mg。仔猪正常生长每天需要 7～8 mg，而仔猪每天从母猪乳中只能得到 1 mg。如果不给仔猪补铁，其体内储备铁将在 1 周内耗尽，极易造成仔猪贫血、免疫力降低，所以仔猪出生 3 d 内应注射右旋糖酐铁。另外在彻底断奶前，应提早给仔猪补饲，促进其肠胃发育，增强其抗病力。尤其是冬季更应给仔猪提早补饲。补饲的同时还要注意供给充足的饮水。

（4）保温防压　初生仔猪需要的最佳外界温度是 32℃，直至 2 月龄时还需 22℃，因此如果外界气温低，仔猪就会活力差，无精力吮乳，极容易被压死或饿死。同时，低温也是造成仔猪腹泻的诱因。

（5）注意环境卫生　猪舍应经常保持干燥、清洁、安静、空气新鲜，特别是母猪分娩时，噪声、惊吓等应激极易造成母猪分娩后无乳。同时应对清洗后的空猪舍严格执行消毒工作。此外仔猪哺乳期易患黄、白痢，因此还应备一些常用广谱杀菌药物止泻。

第五章
湘村黑猪营养需要与常用饲料

第一节　湘村黑猪生长发育
特点与营养需要

作为新培育出来的猪种，现阶段还没有湘村黑猪的饲养标准，其营养需要一般参考我国的《猪饲养标准》（NY/T 65—2004）或其他地方猪种的饲养标准。由于湘村黑猪具有自身的遗传和生理特性，因此全面细致地研究湘村黑猪的适宜营养需要很有必要，这也是一项基础工作，有利于推广湘村黑猪的饲养，促进湘村黑猪的规模化养殖。

一、湘村黑猪生长发育特点

目前有关湘村黑猪营养需要量数学模型的研究处于空白阶段，缺乏有关建立营养需要量模型的技术参数，因此有必要研究湘村黑猪的生产性能和生长规律，寻找建立营养供给与生长预测之间的数学模型参数，建立适用于湘村黑猪的营养需要量模型。

刘建等（2014）在湖南娄底湘村黑猪育种场对湘村黑猪1～5世代连续5个世代分别进行了生长育肥同胞测定，对应每头同胞测定试验猪，分别采集了哺乳、保育和生长育肥饲养试验共6个频次的体重调查数据，对应体重调查频次世代间体重调查时点及其体重区段划分见表5-1，调查获得的体重数据见表5-2，并计算出不同体重阶段试验猪的日增重见表5-3。

刘建等（2014）以日增重的百分之几（百分率）为生长函数变量（x），以饲养期的天数为常量指数（d），以初始体重为初始常数（a），期末体重为预期参数（b），设方程 $a(1+x)^d=b$ 为生长函数模型。采用 SPSS11.0 统计软件对应用该模型 x 函数值求取的日增重与实测的日增重进行配对资料 t 检验，以检验生长函数 x 的拟合度。结果表明湘村黑猪世代间同胞测定猪的 5 条 x 函数曲线几近叠合，体现同胞测定猪世代间生长趋势的高度一致性。同时，以 x 值逐头、逐阶段、逐日地运算理论日增重与实际日增重比较，两者之差近似于 0，其拟合的吻合性高、实用性强。

表 5-1　试验猪体重的调查时点及其体重阶段的划分

体重调查时点	哺乳与保育阶段			生长育肥阶段		
	初生	21 日龄	70 日龄	期初	期中	期末
体重阶段的划分（kg）	0～5	5～20	20～25	25～60	60～90	90

表 5-2　不同体重阶段试验猪的体重

世代	样本数（头）	初生重（kg）	5 kg 阶段（kg）	20 kg 阶段（kg）	25 kg 阶段（kg）	60 kg 阶段（kg）	90 kg 阶段（kg）
1	61	1.12±0.18	4.43±0.74	18.30±1.43	24.35±1.95	60.12±3.31	88.77±4.58
2	117	1.14±0.23	4.34±0.87	19.18±1.39	22.94±2.14	59.69±5.65	91.23±9.32
3	129	0.99±0.21	4.13±0.69	17.89±1.30	22.84±2.24	61.06±6.17	92.36±9.80
4	107	1.27±0.22	4.41±0.50	18.97±1.31	22.09±1.77	61.56±5.07	95.35±8.34
5	125	1.14±0.21	4.42±0.69	19.16±1.20	22.78±2.09	61.56±4.60	94.50±6.88

表 5-3　不同体重阶段试验猪的日增重

项目	1 世代	2 世代	3 世代	4 世代	5 世代
样本数（头）	61	117	129	107	125
0～5 kg 阶段（g）	165.57±31.10	160.00±42.60	156.72±26.99	157.05±22.10	164.05±27.67
5～20 kg 阶段（g）	282.99±18.23	302.68±25.47	282.30±24.78	297.14±18.50	300.70±16.73
20～25 kg 阶段（g）	430.88±95.68	379.59±65.78	380.67±104.6	342.39±96.11	370.59±248.60
25～60 kg 阶段（g）	616.62±32.53	602.50±63.82	637.16±69.33	616.66±55.13	625.54±45.72
60～90 kg 阶段（g）	818.79±51.94	788.43±98.31	823.65±99.86	785.88±79.76	803.34±63.70
90 kg 阶段（g）	692.70±38.86	676.14±77.04	709.47±80.85	684.66±64.74	696.32±52.21

二、湘村黑猪的营养需要

湘村黑猪所需要的营养物质有粗蛋白质、碳水化合物、脂肪、维生素、矿物质（包括常量元素和微量元素）和水。在放养条件下，湘村黑猪可以通过采食青饲料、拱泥土等形式获得少部分矿物质、维生素。但在规模化水泥地圈养时，除水外，这些养分必须通过饲料获得。

饲料中要保证足够的优质蛋白质，粗蛋白质含量应为 14% 左右，日粮中的可消化能应为 12.5～13.0 MJ/kg。日粮中氨基酸、矿物质、维生素等添加应符合《猪饲养标准》（NY/T 65）中关于肉脂型猪种的要求。公猪配种前 1 个月提高营养水平，较平日增加 1/4 营养，定量定时投喂，冬季日均 2 次，夏季日均 3 次，日均投喂量 3 kg 左右，同时饲料中需含钙 0.65%、磷 0.55%，添加铁、铜、锌等元素；初产母猪、经产母猪在配种前要保持良好的繁殖体况，以有利于提高产仔率。

（一）湘村黑猪不同生长阶段的蛋白质需要

杨永生（2013）采用 $U_8 * (8^5)$ 均匀设计方法，以日粮蛋白质、赖氨酸和磷为因子，对湘村黑猪不同生长阶段营养需要进行研究。结果表明，日粮蛋白质、赖氨酸和磷对湘村黑猪生长性能、血液生化指标，激素水平、消化酶活性、肠道黏膜形态及相关基因的表达等多方面都有不同程度的影响。研究得出，湘村黑猪 10～30 kg 阶段得到最佳生长性能预测值时（平均日增重 0.48 kg，饲料转化率 2.58∶1），三因子组合为蛋白质 17.18%、赖氨酸 0.90%、磷 0.56%；30～60 kg 阶段得到最佳生长性能预测值时（平均日增重 0.68 kg，饲料转化率 2.97∶1），三因子组合为蛋白质 15.84%、赖氨酸 0.79%、磷 0.52%；60～90 kg 阶段得到最佳生长性能预测值时（平均日增重 0.77 kg，饲料转化率 3.60∶1），三因子组合为蛋白质 13.74%、赖氨酸 0.68%、磷 0.47%。湘村黑猪在育肥后期（60～90 kg）取得最佳胴体性状指标预测值时（屠宰率 72.50%、瘦肉率 56.40%、背膘厚 26.58 mm，眼肌面积 32.15 cm²，后腿比例 28.70%），三因子组合为蛋白质 15.60%、赖氨酸 0.61%、磷 0.35%。同时发现，除了 30～60 kg 和 60～90 kg 阶段的磷需要量稍高于瘦肉型猪种饲养标准，湘村黑猪的三因子需要量和生长性能较瘦肉型种猪饲养标准低。

江碧波（2013）采用一元线性回归模型估计湘村黑猪的蛋白质需要。研究得出，湘村黑猪生长前期（10～20 kg）和生长后期（20～50 kg）蛋白质维持需要量分别为 20.63 g/d、23.52 g/d，或按代谢体重（$W^{0.75}$）表示为 2.71 g/（$W^{0.75}$·d）和 1.63 g/（$W^{0.75}$·d）。湘村黑猪生长前、后期可消化粗蛋白质需要的数学模型分别为：$DCP = 2.71W^{0.75} + 0.23\Delta W$，$R^2 = 0.992\,4$，$P < 0.01$；$DCP = 1.63W^{0.75} + 0.32\Delta W$，$R^2 = 0.918\,3$，$P < 0.05$。式中，$DCP$ 为可消化粗蛋白质，单位为 g/d；$W^{0.75}$ 为代谢体重，单位为 kg；ΔW 为日增重，单位为 g/d。

（二）湘村黑猪不同生长阶段采食量与能量需要

江碧波（2013）采用单因素试验设计，对湘村黑猪生长前期（10～20 kg）、生长后期（20～50 kg）的采食量与能量需要进行分析。研究得出，湘村黑猪生长期采食量与平均日增重的数学模型，生长前期为 $ADFI = 1.48ADG + 133.78$，生长后期为 $ADFI = 2.24ADG + 163.88$，式中，$ADFI$（平均日采食量）和 ADG（平均日增重）的单位为 g，生长前、后期湘村黑猪采食量维持需要量分别为 133.78 g/d 和 163.88 g/d，按代谢体重计算，生长前、后期湘村黑猪采食量维持需要量分别为每千克代谢体重 17.55 g/d 和 11.39 g/d。

湘村黑猪生长前期消化能、代谢能维持需要量分别为 1 866.76 kJ/d 和 1 758.87 kJ/d，按代谢体重 $W^{0.75}$ 计算，分别为 244.92 kJ/（kg $W^{0.75}$·d）和 230.76 kJ/（kg $W^{0.75}$·d）。生长后期消化能、代谢能维持需要量分别为 2 207.81 kJ/d 和 12 084.82 kJ/d，按代谢体重 $W^{0.75}$ 计算，分别为每千克代谢体重 153.43 kJ/（kg $W^{0.75}$·d）和 144.88 kJ/（kg $W^{0.75}$·d）。生长前、后期，湘村黑猪每克增重消化能需要量分别为 20.59 kJ/d 和 30.25 kJ/d，每克增重代谢能需要量分别为 19.40 kJ/d 和 28.57 kJ/d。湘村黑猪生长前期消化能总需要量为：$DE = 244.92W^{0.75} + 20.59\Delta W$，代谢能总需要量为：$ME = 230.76W^{0.75} + 19.40\Delta W$；生长后期消化能总需要量为：$DE = 153.43W^{0.75} + 30.25\Delta W$，代谢能总需要量为：$ME = 144.88W^{0.75} + 28.57\Delta W$。式中，$DE$ 为消化能，单位为 kJ/d；ME 为代谢能，单位为 kJ/d；$W^{0.75}$ 为代谢体重，单位为 kg；ΔW 为日增重，单位为 g/d。

第二节　湘村黑猪常用饲料与加工技术

湘村黑猪对粗饲料和青饲料的需求量比较大，是由湘村黑猪特有的消化道结构所决定的。它的小肠和大肠都要比瘦肉型猪长，分析原因可能是由于长期以来地方猪的主食是剩饭剩菜和草、小麦麸、米糠等人们不能吃或不愿吃的东西所造就的特质。

一、湘村黑猪常用的饲料原料

1. 玉米　玉米是我国主要的能量饲料，在饲料配制时都将玉米作为配比的主体，围绕它进行营养的多种饲料平衡，并补足蛋白质。

2. 小麦麸　小麦麸具有轻泻性，哺乳仔猪饲料中应避免使用，保育猪和中、大猪可使用 5%～15%。小麦麸是控制中猪过肥、便秘的良好原料。小麦麸在妊娠母猪饲料中使用量可为 20% 左右，在泌乳母猪饲料中不应超过 20%，以免能量过低，影响泌乳量。

3. 豆粕　哺乳仔猪饲料中应限制使用豆粕，不可超过 25%，因为豆粕中的大豆抗原可致使乳猪和断奶仔猪腹泻。

4. 棉籽粕　棉籽粕所含的棉酚对猪具有一定的毒害作用，所以应控制棉籽粕使用量。一般情况下，哺乳仔猪、保育期仔猪及母猪的饲料不可使用棉籽粕，生长猪和育肥猪饲料中使用量不可超过 6%。

5. 菜籽粕　菜籽粕的苦涩味会影响其适口性和蛋白质的利用效果，阻碍猪的生长。因此乳猪、仔猪饲料最好不用菜籽粕。生长猪、育肥猪和母猪饲料中的添加量以 3%～5% 为宜。

6. 花生粕（饼）　花生饼是猪饲料中较好的蛋白质源，猪喜食，但不宜多喂，一般不超过 15%，否则猪体脂肪会变软，影响胴体品质。

7. 鱼粉　鱼粉是哺乳仔猪、保育期仔猪的优良饲料原料，在成本允许的情况下，使用一些鱼粉将有助于生猪生产性能的发挥。

二、湘村黑猪常用的青饲料

1. 菊苣　菊苣为菊科、菊苣属多年生草本植物，是新西兰于 20 世纪 80 年代初选育成的饲用植物新品种，1997 年经全国牧草饲料品种审定委员会审定登记为牧草新品种。菊苣叶片柔嫩多汁，营养丰富，氨基酸含量丰富，叶丛期 9 种必需氨基酸含量高于苜蓿草粉，维生素、胡萝卜素和钙含量丰富。菊苣叶片质地嫩、适口性好、无异味，猪平均每天可采食 4～5 kg。猪常年饲喂菊苣，能以青补精、满足营养、改善肉质、增加产仔数、降低成本。

2. 紫花苜蓿 苜蓿含有丰富的蛋白质、矿物质、维生素及胡萝卜素，特别是叶片中含量更高。紫花苜蓿鲜嫩状态时，叶片重量占全株的 50% 左右，叶片中粗蛋白质含量比茎秆高 1～1.5 倍，茎秆粗纤维含量比叶片高 50% 以上。在同等面积的土地上，紫花苜蓿的可消化总养分是禾本科牧草的 2 倍，可消化蛋白质是禾本草牧草的 2.5 倍，矿物质是禾本草牧草的 6 倍。在生长育肥猪日粮中添加适当比例会增加胴体瘦肉率、肉质鲜嫩度等，获得良好的生产性能。

3. 苦荬菜 新鲜的苦荬菜粗蛋白质含量为 2.6%，赖氨酸、苏氨酸和异亮氨酸含量为 0.16% 左右，营养价值较高。苦荬菜鲜嫩、多汁、味微苦，对猪来说适口性好，可促进食欲，有健胃效果，在生产中使用有利于防止便秘，提高母猪的泌乳和仔猪的增重。

4. 饲料南瓜 饲料南瓜含干物质 11%、粗蛋白质 0.8%、粗脂肪 0.5%、无氮浸出物 8% 和灰分 0.7%。南瓜肉质脆嫩、甜蜜多汁，适口性好，并且富含胡萝卜素和可溶性碳水化合物，容易消化。在炎热的夏秋季节，给母猪多喂些南瓜，可增进食欲、促进消化、提高泌乳量，同时可预防母猪便秘等疾病。

5. 饲料胡萝卜 我国各地均有种植。其特点是易栽培，耐储藏，营养丰富，人畜皆可以食用。其营养物质含量高，一般含糖 6% 左右，维生素 A 每千克含量为 36 mg，胡萝卜素每千克含量为 21.1 mg 且活性强。对猪来说适口性好、消化率高。种猪群饲喂较多，可以提高繁殖力和泌乳力。其最大的优点是成本低，一年四季均可以使用（冬季可以储存），是北方各猪场主要使用的青饲料。使用方法：切成小块饲喂或者打浆均可。

6. 甘薯叶 甘薯叶营养丰富、翠绿鲜嫩、香滑爽口，大部分营养物质含量都比菠菜、芹菜、胡萝卜和黄瓜高，特别是类胡萝卜素比普通胡萝卜高 3 倍，比鲜玉米、芋头高 600 多倍。若将甘薯藤蔓剁碎拌糠、酒曲发酵后喂猪，猪喜食好睡，皮红毛亮，生长速度快。饲喂同样重量的精饲料，出栏时，喂加糠发酵甘薯藤蔓的猪比喂干藤蔓的猪增重 20 kg 以上。

三、不同类型饲料的合理加工与利用方法

饲料加工是一个较为复杂的过程，尽管加工工艺通常都包括粉碎、混合成型这些基本工序，但具体的工艺布置和加工参数都应根据饲料种类和所用的饲料原料做相应调整。不同的原料配方对成型饲料的生产性能有很大的影响，其中原料特性包括物料的容重粒度、含水量、黏结性、摩擦性和腐蚀性等。这些因素都影响着饲料产品质量和加工设备生产能力。因此，在饲料配方中，要适当考虑饲料原料特性，调整配方，使之具有较好的制粒性能；而在加工工艺上，则要根据不同饲料原料和配方，选择合理的加工方法。

（一）高淀粉含量类饲料

高淀粉含量类饲料一般指以谷物为主要原料的饲料。在调质过程中的水分和温度作用下，谷物淀粉颗粒在 50～60℃ 开始吸水膨胀，淀粉的糊化温度一般控制在 75℃。高温和加水调制处理可使天然淀粉糊化并转化成单糖，提高饲料的营养价值，同时还可起到润滑作用，使压制出的颗粒细粉少，生产出质量较好的颗粒料。淀粉糊化有利于黏结，在淀粉含量不足时粉化率会升高，但淀粉含量过高的配方也很难压制出坚实、耐久的颗粒，这是因为淀粉含量过高势必带来蛋白质的含量降低，其制粒性能会受到影响。值得注意的是，如果天然淀粉在制粒前就已被糊化，则生产不出高质量的饲料颗粒。因此在生产乳猪料时，用作能量饲料的膨化玉米含量会受到限制，一般不超过能量饲料的 70%。

对于以谷物含量为主要成分的饲料，调质时温度和水分含量要高一些，以有利于谷物中淀粉的糊化，一般调质温度在 85℃ 左右，调质添加水分含量为4%～5%。

（二）高蛋白质含量类饲料

植物性蛋白质含量高的饲料比动物性蛋白质含量高的饲料有利于制粒。天然蛋白质含量较高的原料能生产出较好的饲料颗粒，因为蛋白质在热作用下变性后分子呈纤维状，肽键伸展疏松，分子表面积增大，流动滞阻，因而黏度增加，同时蛋白质变性后具有良好的塑性，制粒性能好，冷却后颗粒坚实、粉化率低。

新鲜的或喷雾干燥的动物性蛋白质能提高膨化颗粒的质量。在制粒前的物料调质过程中，对天然蛋白质含量高的饲料，为了增加蛋白质的塑性，加热比加水更重要，这类饲料需要的蒸汽量比尿素饲料和热敏性饲料多，但比高淀粉含量类饲料少。天然蛋白质含量高的饲料在调质时温度不能太高，否则容易堵塞模孔。

膨化是在短时高温中完成的，这种加工在使淀粉糊化的同时，使蛋白质发生变性。传统的制粒需要淀粉含量为 30% 以上，而采用膨化生产颗粒时淀粉含量可为 5%～10%，为利用低蛋白质含量的廉价原料代替高蛋白质含量的昂贵原料提供了更多的空间。在膨化过程中，饲料的水分应控制在 25%～30%，温度控制在 120～140℃。

（三）高油脂含量类饲料

饲料中脂肪来源有两种，一种是原料本身含有的，另一种是从外界添加的。添加油脂可增加饲料的能量含量。少量的油脂可起到润滑作用，降低模辊磨损，有利于提高饲料的制粒性能，降低能耗。同时，油脂可改善颗粒表面光泽，提高饲料在水中的稳定性。油脂一般在混合工段加入。此时，油脂可减少粉状饲料在混合和其后输送时产生的粉尘，还可减少粉料的分级。但油脂含量过高则起到疏松剂的作用，使饲料成型能力降低，颗粒变软，粉化率上升。因而，在普通制粒生产中，饲料中添加的油脂含量以不超过 3% 为宜。

生产高油脂含量的饲料可采用以下几种方法：

一是在饲料颗粒出模后，进行热外涂或冷外涂的工序。热外涂是在颗粒刚刚出模后未经冷却就进行油脂喷涂添加，冷外涂是颗粒充分冷却后在油脂喷涂机内进行喷涂。林云鉴于 1998 年对磷脂喷涂试验的研究表明，两种喷涂方式对鱼颗粒饲料的水中稳定性无明显影响。在新饲料厂的设计中，多数考虑在颗粒冷却并分级后进行油脂喷涂。采用制粒后喷涂方法不但能满足动物对高脂肪的需要，还可以增加颗粒的保护作用。对于一些不宜在调质、制粒过程中添加的热敏性微量成分，也可先溶于油脂在制粒后添加，从而避免受热被破坏。

二是采用双重制粒的方法。双重制粒即生产饲料时要进行两次制粒，人们把第一次制粒亦归纳到饲料热处理的范畴。制粒时的物料在压紧区和挤压区受摩擦和剪切作用产生热量，使物料温度在普通调质基础上升高 5～10℃，使难以处理的饲料易于制粒。采用双重制粒方法可以生产出高脂肪含量的成品饲

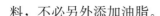

料，不必另外添加油脂。

三是采用膨化方法。由于膨化机内强烈的剪切作用及在调质器和膨化腔中添加的蒸汽作用，颗粒中的淀粉基本上完全糊化，蛋白质部分变性。含可溶性糖和纤维的膨化颗粒中产生了全结构基质，使颗粒体积增大，变成多孔结构，可吸附更多的脂肪。因此采用膨化生产时可以在原料中添加更多的脂肪，而不至于影响颗粒的耐久性。为了获得高脂肪含量饲料，可以采用延长调质器和增加膨化腔长度的方法，从而延长熟化时间，使脂肪渗透更均匀。但当油脂含量超过8%时，会降低物料的强度、膨胀作用及质地。

（四）高纤维素含量类饲料

纤维素本身制粒成型能力很差，纤维素含量过高会影响饲料颗粒品质。纤维素通常与含黏结剂的成分结合在一起，在一定范围内使用。由于制粒时阻力增加，生产率较低，在使用时，要选择与成型能力较强的原料进行配合，从而提高产量和颗粒质量。

由于纤维固有的黏结能力和支撑能力，纤维素对颗粒硬度的作用较大，能够生产出硬度比较高的颗粒饲料。适当添加一定量富含纤维素的原料可以提高饲料颗粒的硬度；但当纤维含量过高时，生产出的颗粒硬度过高，不利于动物的采食和消化吸收。

在富含纤维素的饲料中，纤维原料的容重比其他原料的容重低，相差悬殊，在加工工艺布置上，要考虑物料在混合后的分级问题。混合后的运输路线要尽可能缩短，物料的输送要选用分级比较小的输送方式。

第六章
湘村黑猪饲养管理技术

第一节　湘村黑猪仔猪的饲养管理

仔猪的护理可归纳为掏（口、鼻中的黏液）、断（脐带）、擦（身上的黏液）、剪（犬齿）、烤（保温）、吃（初乳）6 个字。产仔过程中仔猪有可能出现假死的现象，假死现象的处理方法是：将仔猪四肢朝上，一只手托背，另一只手托臀，然后将两手一屈一伸，直至仔猪自行呼吸和发出叫声为止；也可立即除去仔猪口鼻黏液，提起后肢，拍打臀部，直至仔猪发出叫声为止。3 d 内仔猪固定好乳头。将弱小者置于前乳头，强壮者置于后乳头，将争斗的强者挪位至另一乳头。仔猪出生时，应称重、打耳号、剪獠牙。

1. 初生仔猪防腹泻　初生仔猪 1 周龄内发生腹泻时病死率高，故在仔猪出生后未吃初乳前，用硫酸庆大霉素注射液或链霉素进行 1 次口腔滴服，每头 2 万～5 万 IU，以后 1 次/d，连用 3 d，或 1 日龄注射长效土霉素，每头每次 0.3～0.5 mL。

2. 预防贫血　3～4 日龄注射 100～150 mg 铁制剂（右旋糖酐铁），2 周龄时再注射 1 次。

3. 教槽　7 日龄开始教槽，在仔猪常活动的地方（如保温室内、猪舍门口）撒一些乳猪诱食料，让仔猪自由采食。经常训练，一般仔猪在 9～10 日龄就学会采食。30～35 日龄抓"旺食"。35 日龄以后，仔猪生长速度快，采食量大增，进入旺食期，此时要增加喂乳猪料次数和数量，一般日喂不少于 5 次，并给予充足的饮水。

4. 疥螨的防治　1 日龄和 7 日龄注射伊维菌素（如母猪感染程度轻也可免

掉 7 日龄的第 2 次注射）。

5. 做好保温工作　初生仔猪对温度特别敏感，要求室温在 30℃以上，冬春季节则要采用电热板或以红外线为热源的保温箱。

6. 抓好断奶、保育关　断奶是哺乳仔猪饲养管理中的最后环节。断奶方式的选择直接影响到母猪和仔猪的生产性能。实行早期断奶，有利于提高母猪的繁殖率；减少僵猪和防止僵猪的发生。但应根据本场的条件，仔猪的营养水平，仔猪体质，保温、栏舍条件来选择断奶的方式。原则上按"三维持、三过渡"方案进行断奶，即维持原栏饲养、维持饲料种类和饲喂方法不变、维持原窝转群和分群，饲料种类、饲养方式和生长环境的逐渐过渡。湘村黑猪一般在 21 日龄或 28 日龄断奶较好。

仔猪离开母猪后，受到不安、烦躁等情绪影响，断奶后 1～2 d 的采食量会明显降低。然而由于营养的供应不足，仔猪饥饿难耐，又会在 2 d 过后暴饮暴食，造成仔猪消化不良，容易引起腹泻等疾病。所以在这段时期内仔猪的喂养讲究减料、定量和分餐三个原则。将仔猪由原来的自由采食改为减量饲喂，饲料的减少量为自由采食阶段的 15% 左右。少喂多餐，每次不用添加过多的饲料，保证稍欠为好，每天的饲喂餐数控制以 6～7 餐为宜，并给予充足的饮水。去势最好选择在断奶前或断奶后，断奶后 3 周可选择左旋咪唑等进行驱虫。

第二节　湘村黑猪保育猪的饲养管理

猪仔刚刚能够离开母猪独自进食或者活动时称为猪仔的保育期。保育阶段是仔猪独立生活的开始，是集适应、转换、发育于一体的时期，在猪的养殖过程中是至关重要的环节。仔猪断奶进入保育阶段，饲养环境、饲料形态及营养的改变，母源抗体的水平下降或消失，都会使仔猪产生应激反应，引起食欲差、消化功能紊乱、腹泻、生长迟缓、饲料利用率低等仔猪断奶综合征，从而影响生长发育。因此，做好保育猪的饲养管理，最大限度地降低仔猪断奶产生的应激反应，对养猪生产至关重要。

一、保育舍的准备

所有用具、栏舍、设备表面喷洒氢氧化钠，并保证充分浸润一段时间；使用高压清洗机彻底冲洗地面、高床、饮水器、食槽等，直到所有地方都清洁为止；所有用具干燥后选用高效、广谱、刺激性小的消毒药对空栏进行全面喷洒，2～3 d 后用火焰将各地方消毒 1 次，空置 1 周，再转入断奶猪。

检查保育舍设施，修理栏位、饲槽、保温箱，检查每个饮水器是否通水，检查所有的电器电线是否完好。

保育舍温度调试，当仔猪断奶之后转入保育舍当中时，第 1 周温度应保持在 28～30℃，以后每周应下降 1～2℃，逐渐将温度调低，最终使温度保持在 18～20℃。

二、保育猪的营养控制

由于保育猪消化系统发育尚不完善，对饲料的营养及原料组成极其敏感，因此在选择饲料时，要选用易消化和营养含量高的日粮，防止消化不良，促使仔猪快速生长。

在饲喂保育猪的过程中，应对各种饲料的饲喂时间进行记录，确保饲料槽不断料。仔猪入舍后应供给温水，特别是前 3 d 要保持每头仔猪日饮水量在 1 L，之后增加日饮水量，直至仔猪达 10 kg 体重时，确保日饮水量为 1.5～2.0 L。如果仔猪饮水不足，其采食量会受到影响，生长速度减慢。此外，为了缓解仔猪断奶后的应激反应，通常在饮水中添加维生素、葡萄糖、钠盐和钾盐等电解质或抗生素等药物，以增强仔猪的抵抗力，降低感染率。饲料营养应逐渐过渡，仔猪入舍后需先用乳猪料饲喂 7 d，之后逐渐减少乳猪料的用量，直至全部改用仔猪料，避免由于饲料突然更换引起胃肠不适，使保育猪平稳度过保育期。

湘村黑猪保育阶段（10～30 kg）最佳生长性能预测值为平均日增重 0.48 kg，饲料转化率 2.58：1。湘村黑猪保育阶段推荐的日粮配方见表 6-1。

表 6-1　湘村黑猪保育阶段推荐的日粮配方

日粮	配比（%）
玉米	69.50
麦麸	3.00
豆粕	17.50
玉米蛋白粉	4.50

（续）

日粮	配比（%）
鱼粉	2.00
石粉	0.65
磷酸氢钙	1.55
食盐	0.30
预混料	1.00
合计	100

注：营养水平为粗蛋白质 17.22%、消化能 13.58 MJ/kg、钙 0.75%、磷 0.67%。

三、保育猪的饲养管理措施

1. 全进全出的饲养模式　采用全进全出的生产方式是控制感染性疾病的主要途径，可防止猪舍的疾病循环。

2. 合理的分群与调教　分群时最好将同窝原圈体重大小相近的健康猪混在一起饲养，将病弱猪混在一起隔离特别优厚饲养，以控制疾病的水平传播，并做到夜并日不并，以利于仔猪情绪稳定，减轻混群产生紧张不安的刺激，减少因相互咬斗而造成的伤害，有利于仔猪生长发育。刚断奶转群的仔猪，吃食、睡卧、排泄的位置尚未固定，所以要加强调教训练，使仔猪区分吃、睡、排泄区，从而可保持圈舍的清洁和卫生。

从仔猪进栏的第 1 天开始，调教猪群做到"吃料、排粪尿、休息"三定位。方法：在仔猪进栏之前，就要在猪排粪尿的地方先放一些粪尿，也可倒些水，同时饲养员经常将仔猪乱排的粪尿归集在一起，并驱赶乱排粪尿的猪。喂料以湿拌为宜，少给勤添，定时定量。

3. 及时淘汰残次猪　首先，残次猪生长缓慢，即使其存活，养成大猪出售所需成本也较大；其次，残次猪大多携带许多病毒，对其他健康猪构成很大的传染威胁。

4. 断奶后前 2 周的饲养　仔猪断奶后应采取"两维持"和"三过渡"措施，即维持原圈管理和原饲料饲养，逐步进行饲料、饲养和环境的过渡。由于仔猪断奶后在营养上遭受很大应激，小肠绒毛萎缩、损伤，各种消化酶活性下降，所以仔猪在断奶后 7～10 d 继续饲喂高能量、优质蛋白质、易消化、适口性好、营养全价的乳猪饲料，而且不要让仔猪吃得过饱，每天饲喂 5 次，少量多餐，可缓解断奶应激，防止消化不良引起的腹泻，增加猪采食量，从而获得更大的体重；10 d 后逐步过渡到保育猪料。

5. 饮水　水是仔猪每日食物中重要的营养物质，饮水不足不但降低猪的采食量，还会影响到猪对饲料的消化吸收，因此舍内应安装饮水设备，保证仔猪每天喝到充足清洁的饮水。

6. 保持舒适的环境

（1）舍内温度的控制　仔猪断奶转入保育舍温度要求在 28～30℃，以后每周降 1～2℃，直到降至 22～24℃，在保温时尽量使用对保育舍环境没有污染的热源，如红外线保温灯、电热板等，尽量不使用碳、煤等对空气质量有影响的热源。断奶仔猪保温可以减少寒冷应激，从而减少断奶后腹泻以及因寒冷引起的其他疾病的发生。

（2）合理的饲养密度　每头保育猪至少有 0.3 m² 的空间，饲养密度过大，空气质量差，仔猪的群居小环境变劣，容易发生争斗、互咬等情况，疾病更容易发生。

（3）加强通风换气　因猪舍强调保温，门窗关闭较严，很容易造成舍内空气污浊，有害气体如氨气、硫化氢、二氧化碳等严重超标，空气中病原体浓度升高，对仔猪毒害较大，导致仔猪抵抗力降低。因此，既要加强猪舍的通风换气，杜绝贼风，又要保持舍内温度。

（4）圈舍卫生和湿度控制　每天坚持打扫圈舍 3 次，减少冲洗次数，使舍内空气相对湿度控制在 60%～70%。湿度过大易引起仔猪腹泻、皮肤病的发生；湿度过小造成空气干燥，舍内粉尘增多，从而诱发呼吸道疾病。

（5）定期消毒　猪舍定期消毒是切断传染病传播途径的有效措施，一般 3 d 消毒 1 次，消毒当天将猪舍内所有杂物清理干净，包括猪粪、灰尘等，待干燥后用高效、广谱、刺激性小的消毒药对保育舍内外及猪体彻底消毒。

7. 积极应用饲料添加剂

（1）酸化剂　仔猪肠道 pH 对日粮蛋白质的消化十分重要。在哺乳期乳酸菌产生的乳酸和胃壁分泌的盐酸使胃维持在较低的 pH，因此降低了有害细菌在胃和小肠中的增殖。断奶后乳酸菌数量大幅下降，而盐酸分泌量的增加需要一定的时间，所以仔猪很难维持胃内较低的 pH，因而在早期断奶仔猪日粮中添加有机酸如柠檬酸、延胡索酸和丙酸等特别有效。

（2）酶制剂和益生素　由于仔猪消化系统发育不完全，因此适当添加外源性酶如胃蛋白酶、纤维素分解酶、糖类分解酶、淀粉酶等及益生素，可促进营养物质的消化吸收，消除消化不良，减少腹泻的发生。

8. 药物的预防保健与驱虫　断奶仔猪由于突然没有母乳提供的抗体，肠道内的各种致病菌会大量繁殖，加上自身的抵抗力较低，所以仔猪很容易发生病毒与细菌的混合感染，特别容易发生链球菌病、副猪嗜血杆菌病、水肿病等疾病，因此仔猪断奶后在饮水中添加电解质、多种维生素，连用 3 d，可抵抗各种应激因素的影响，提高仔猪的抵抗力，降低感染率。3 d 后可在饲料中添加药物预防，如在每吨饲料中添加 80% 延胡索酸泰妙菌素可溶性粉 125 g、15% 金霉素 2 kg 或 10% 强力霉素 1.5 kg，连续添加 15 d；以上药物也可通过饮水添加，添加量是饲料中添加量的 1/2。仔猪断奶 60 d 左右应驱虫 1 次，以确保仔猪的生长发育，提高饲料转化率。

9. 规范免疫程序，减少免疫应激　频繁接种疫苗可明显降低仔猪的采食量，影响免疫系统的发育，并能改变激素的平衡，特别是细菌性疫苗，过多过密接种疫苗会抑制免疫应答，因而促进感染的发生，所以应尽量减少疫苗的注射，以猪瘟、口蹄疫为主，根据猪场的实际情况决定疫苗的使用。

第三节　湘村黑猪育肥猪的饲养管理

一、湘村黑猪的育肥特性

湘村黑猪在不同阶段表现不同的发育规律，因而其营养需要的特点也不同。根据拟合常用生长曲线函数模型 $a(1+x)^d=b$，湘村黑猪的育肥过程可以分为育肥前期和育肥后期。以体重为标准，即为 20～60 kg 和 60～90 kg 两个阶段。

（一）育肥前期

体重 20～60 kg 为育肥前期。该阶段猪机体各组织、器官的生长发育功能不很完善，尤其是 20 kg 左右体重的猪，其消化系统的功能较弱，影响了营养物质的吸收和利用；并且在这一阶段，猪胃的容积较小，神经系统和机体对外界环境的抵抗力也正处于逐渐完善。该阶段主要是骨骼和肌肉的生长，而脂肪的增长比较缓慢。

（二）育肥后期

体重 60～90 kg 为育肥后期。该阶段猪的各个器官、系统的功能都逐渐完善，尤其是消化系统有了很大发育，对各种饲料的消化吸收能力都有了很大提高；神经系统和机体对外界的抵抗力也逐渐提高，能够较快速适应周围温度、湿度等环境因素的变化。该阶段猪的脂肪组织生长较快，肌肉和骨骼的生长较为缓慢。随着年龄的增长，肌肉中水分含量减少，而粗蛋白质和粗脂肪含量增加。湘村黑猪以 90～100 kg 为最佳出栏体重，此阶段饲料转化率好、猪肉品质优。

二、育肥猪的环境控制

环境因素中，以温度、湿度、风速和猪舍内有害气体的浓度对猪的影响最大。如温度过低会加大猪的采食量，降低饲料利用率；过高则会导致猪食欲下降，减慢育肥速度，甚至导致猪中暑死亡。通常情况下，不同体重的猪最适合的温度分别是：60 kg 以下，16～22℃；60～90 kg，14～20℃；90 kg 以上，12～16℃。空气相对湿度一般都以 60%～80% 为宜。另外还需要注意的是，冬季为了保暖，猪舍的通风换气往往不够，空气中的有害气体含量可能会升高，这时应当通过换气、及时清理粪尿等措施来减少有害气体的释放；夏季，则应该加强通风，以达到降温换气的目的。

三、育肥期的营养与饲料

湘村黑猪为地方优良品种，其食物以玉米、豆粕、麦麸、水稻、小麦、甘薯等农作物为主，群众采用大米、细糠、玉米、甘薯和青饲料等饲料喂猪，增强了湘村黑猪的胃肠蠕动，生长周期长，促进了湘村黑猪的脂肪沉积，形成了湘村黑猪独特的口感和风味。育肥过程是保持湘村黑猪独特风味至关重要的一个环节。

育肥前期（20～60 kg）最佳生长性能预测值为平均日增重 0.68 kg、饲料转化率 2.97：1。育肥后期（60～90 kg）最佳生长性能预测值为平均日增重 0.77 kg、饲料转化率 3.6：1；育肥后期最佳胴体性状指标预测值为屠宰率 72.50%、瘦肉率 56.40%、背膘厚 26.58 mm、眼肌面积 32.15 cm²、后腿比例 28.70%。

根据以上生长育肥需要与生产目标，育肥阶段推荐的日料配方见表6-2。

表6-2 湘村黑猪育肥阶段推荐的日粮配方（%）

项目	育肥前期	育肥后期
玉米	73.00	73.70
麦麸	3.80	5.60
豆粕	13.25	12.60
玉米蛋白粉	4.00	2.80
鱼粉	2.00	0
石粉	0.80	2.00
磷酸氢钙	1.85	2.00
食盐	0.30	0.30
预混料	1.00	1.00

注：育肥前期营养水平为粗蛋白质15.81%、消化能13.39 MJ/kg、钙0.59%、磷0.61%；育肥后期营养水平为粗蛋白质13.69%、消化能12.90 MJ/kg、钙0.49%、磷0.58%。

四、育肥猪饲养管理技术和方法

1. 合理分群　群饲可以增加采食量，加快猪生长发育，有效提高猪舍设备利用率以及劳动生产率，降低养猪成本，所以应该根据育肥猪的品种、体重和个体强弱合理分群。分群的习惯做法是留弱不留强，拆多不拆少，夜并昼不并，即处于不利争斗地位或较弱小的个体留在原圈，将较强的猪并出去，并群应该选在夜间而不是白天。必要时可结合栏圈消毒，利用带有较强气味的药液喷洒猪圈与猪的体表。分群后还要加强后续管理，避免或减少个体之间的咬斗。

2. 调教　合理分群以后，要及时调教，使猪群养成在固定位置排泄、睡觉、采食和饮水的习惯，以保持圈舍卫生，减轻劳动强度。调教成败的关键是要及早进行，重点抓两项工作：一要防止强夺弱食；二要使猪采食、卧睡、排泄位置固定，保持圈栏干燥卫生。

3. 去势　性别对肉猪的生产表现和胴体品质有重要影响，公猪比母猪和去势猪长得快，且胴体瘦肉率高，但是公猪带有难闻的膻味，往往会影响到猪肉的品质，通常去势后育肥。近年来，提倡仔猪早期去势，主要是因为仔猪体重小、易保定、手术流血少、恢复快。手术操作要严格遵守规程，去势医疗器具要严格消毒，手术完毕后应及时涂抹碘酒，并注射抗生素。保持圈舍卫生，防止伤口感染。

4. 给予充足清洁饮水　育肥猪饮水量随环境温度、体重和饲料采食量而变化，在春秋季节，正常饮水量为采食饲料干重的 4 倍，夏季约为 6 倍，而到了冬季只有 3 倍。供水方式宜采用自动饮水器或者设置水槽。

5. 饲喂

（1）饲喂方法　饲喂方式有两种，即自由采食和限量采食。前者日增重较高，胴体背膘较厚；而后者饲料利用率较高，胴体背膘较薄。在肉猪生产实践中，要兼顾增重、饲料利用率和胴体瘦肉率三个因素，应当在育肥猪体重达到 60 kg 以前采取自由采食或不限量按顿采食；体重达到 60 kg 以后，应该采取限量采食或者每顿适当控制饲喂量的方法。这样既不会影响猪的增重速度，又不会影响猪的胴体质量。并且要在饲喂前检查料槽内是否有剩余的受潮发霉饲料，如果有，则要及时清除，然后再行饲喂。

（2）日喂次数

①小猪阶段（20～35 kg）　该阶段猪的肠胃容积小、消化能力差，而相对饲料需要量多，适合每天喂 3～4 次，饲料主要以蛋白质饲料和能量饲料等精饲料为主。

②中猪阶段（35～60 kg）　该阶段猪的消化能力有所增强，肠胃容积增大，适合每天喂 2～3 次，饲料以精饲料为主、青干饲料为辅。

③大猪阶段（60～100 kg）　该阶段猪的生理发育基本成熟，沉积脂肪能力大大增强，每天适合喂 2～3 次，且要限量饲喂。每次饲喂的时间间隔应该保持均衡，饲喂时间应该选在猪食欲旺盛的时候。

五、科学育肥方法

湘村黑猪常用的育肥方法基本上是三种，即阶段育肥法（又称吊架子育肥法）、一贯育肥法（又称一条龙育肥法）和淘汰成年种猪育肥法。

1. 阶段育肥法　这种育肥法将整个饲养育肥猪全期分为三个阶段，即小猪阶段、架子猪阶段和催肥阶段。

小猪阶段是指从仔猪断奶（一般 2 月龄）到体重 25 kg 左右，饲养期约 2 个月。这个阶段小猪生长发育速度较快，需要较多的蛋白质、维生素和矿物质以保持小猪能正常生长发育。但这个阶段仔猪的消化器官的容积较小、消化机能较弱，因而日粮中精饲料比重应较大，配合幼嫩青饲料。小猪阶段要求日

增重达 200～250 g。

架子猪阶段是指体重为 25～50 kg，饲养期为 4～5 个月。这个阶段猪的骨骼、肌肉、消化器官已充分发育，消化机能旺盛，日粮中多搭配青粗饲料，少用碳水化合物含量丰富的饲料，节省精饲料，避免脂肪过早沉积，使骨骼和肌肉得到充分发育，拉大躯体架子。由于日粮营养浓度低，因此日增重较慢，为 150～200 g。

催肥阶段是指体重从 50 kg 左右到出圈，一般饲养期为 2 个月左右。此阶段是猪体脂肪大量沉积的时期，同时猪食欲旺盛，对饲料的利用率高，增重迅速，因此要求日粮中多配合富含碳水化合物的精饲料，尤其是在育肥后期，以促使脂肪大量沉积，加快育肥。日增重一般为 500 g 以上。

2. 一贯育肥法　一贯育肥法又称为一条龙育肥法。从仔猪断奶（一般 2 月龄）到育肥结束出圈，按猪生长发育不同阶段对营养需要的特点，给予丰富的营养，使之得到持续充分的生长发育，获得较高的日增重。一贯育肥法精饲料比重随体重增大而增加。日粮中精饲料比重较大，但在整个育肥过程中也要供给青饲料。一般 6～8 月龄时体重可达 90～100 kg。

3. 淘汰成年种猪育肥法　利用淘汰的成年种公猪、种母猪，去势处理后进行育肥的方法。为了改善猪肉的品质，并使猪变得安静，往往要对猪进行去势处理。去势后的猪体质较弱、食欲差，要精心管理，饲喂易于消化的饲料，提高猪的食欲，促进机体恢复。当猪健康好转、外观毛色发亮、食欲增进时，可进一步增加富含碳水化合物的饲料，达到较好的育肥效果。

六、育肥猪的疾病防治

定期消毒、免疫和驱虫，日清扫猪舍 2～3 次，每隔 2 周全面消毒 1 次，每次消毒要彻底，包括地面、栏杆、墙壁、走道等。每批猪出栏或转群后，也要彻底进行消毒处理。禁止闲杂人员进入猪舍，饲养人员的衣物要勤清洁和消毒。同时应该根据当地疫病的流行特点，制订出主要传染病的合理免疫程序，进行预防注射，并建立兽医制度，搞好清洁、消毒和隔离工作。

猪在育肥期应该驱虫 2 次，入舍 15 d 进行第 1 次驱虫，体重 50～60 kg 进行第 2 次驱虫，每次驱虫用药 2 次，间隔时间为 7 d。在对猪进行驱虫的同时，应该对圈舍、用具等进行相应的消毒和杀虫处理。猪排出的粪便要及时清理，防止再次感染。

第四节　湘村黑猪种猪的饲养管理

湘村黑猪是优良的地方品种，加强种猪饲养管理是保持其肉质的独特口感和风味的前提，种质资源保护和利用决定着湘村黑猪产业的发展。

一、繁殖公猪的饲养管理

1. 饲养　单栏喂养。

2. 日粮与饲喂　繁殖公猪日粮可按公猪营养需要配制专门化饲料，买不到公猪料而自己又没有能力配制时，可用哺乳母猪料代替，但禁用生长育肥猪料。可根据季节和体况，适当调整采食量。二餐制，定时饲喂，日喂 2.2～2.5 kg 配合精饲料、2.5～4.0 kg 青饲料，亦看膘投料，防止过肥影响性欲，配种频繁时，配合鸡蛋使用。

3. 梳刷与运动　种公猪的体质健壮和四肢结实依赖于适度运动和梳刷，要求种公猪每日有 0.5～2.0 h 的驱赶运动。运动分上午、下午 2 次进行。每次运动均伴以梳刷。刷拭皮毛可促进血液循环和保持体表卫生。要经常注意修整公猪蹄，以免在交配时刺伤母猪，夏季要让公猪经常洗澡，以减少皮肤病和外寄生虫病。

4. 配种频率　种公猪每周工作 5 d、休息 2 d，每天配种 1～2 次。2 岁以上的公猪每天配 1～2 次，连续配种 3 d 休息 1 d，2 岁以内的公猪每天配 1 次，连续配种 2～3 d 休息 1 d，使用幼龄公猪配种，应每 2～3 d 配种 1 次。配种最好在早饲后 1～2 h 进行，日配 2 次应早晚各 1 次；夏季应在早晨和傍晚进行配种，冬季应在中午进行。如遇酷热严寒恶劣天气，应选择适宜地点进行配种。

5. 精液检查　每 10 d 应检查精液 1 次，但根据返情、体况、季节变化，宜增加检查次数，特别在高温季节，更宜频繁检查，人工授精精液应每批检查。

6. 防暑与降温　高温影响精子活力，甚至造成无精。在高温季节，务必采用遮阳、通风和冲水等措施防暑降温，舍内最高温度不超过 25℃。相应的运动或配种在清晨或傍晚进行。

7. 做好配种计划　按照生产工艺要求，制订适宜的配种计划，并保证配种质量和较高的配种受胎率，按要求完成配种、产仔等规定的任务，要求情期配种受胎率在 80％ 以上。

8. 初配年龄　小公猪的初配年龄因品种、身体发育状况、气候和饲养管理等条件的不同而有所变化。一般以品种、年龄和体重来确定，小型早熟品种（桃源黑猪）应在 8～10 月龄、体重 60～70 kg 时开始初配；大、中型品种（杜洛克、湘村黑猪）应在 10～12 月龄、体重 90～120 kg 时开始初配。

9. 适时调教公猪　公猪调教的方法主要有以下几种：

（1）试配法，选择发情好、体格大小适宜、愿意接受公猪爬跨的母猪，将小公猪引致配种场，进行配种。

（2）不懂爬跨的小公猪，在配种前先进行运动，并隔着围栏观看老公猪配种，然后将老公猪赶走，令小公猪爬跨。

（3）对屡不爬跨的小公猪，可以在配种前注射雄激素，并准备好发情母猪，令其配种。

10. 克服公猪自淫　可采取以下措施：一是公猪圈置于母猪的上风向，防止公猪因母猪气味出现条件性自淫；二是防止发情母猪在公猪圈外挑斗；三是加强运动，增大运动量；四是克服公猪皮肤瘙痒，经常进行刷拭；五是饲养管理形成规律，分散公猪的注意力。

11. 建立正常的管理制度　妥善安排种公猪的饲养管理，使公猪养成良好的生活习惯（表 6-3），增进健康，提高配种能力。

12. 种公猪淘汰的原则　性欲差、经调教和营养补给仍不能交配和爬跨动作差的；连续 3 次精液检查不合格者；后代有畸形率高者；使用年限达淘汰要求者。

表 6-3　种公猪日作息表

时间	6：00	7：00	8：00	8：30	9：00	10：00	11：30	13：00	14：00	15：00	16：00	18：00	19：00	22：00
5—10月	清洗食槽	早餐	巡栏	配种	运动	清扫栏舍	喂青饲料	洗澡洗栏	休息	休息	清扫室内外	运动	喂料	巡栏
11月至翌年4月	清洗食槽	喂料	巡栏	清扫栏舍	运动	配种	喂青饲料	洗澡洗栏	休息	运动	清扫室内外	喂料	巡栏

二、后备猪的饲养管理

1. 后备猪的饲养　喂给全价日粮，注意能量和蛋白质的比例，特别要满足矿物质、维生素和必要氨基酸的需要。一般采用前期敞开饲养，日粮供给量应占体重的 2.5%～3.0%，体重达到 80 kg 以后，喂量占体重的 2.5% 以下。湘村黑猪 4 月龄体重控制在 40～50 kg，6 月龄体重控制在 80～90 kg，8 月龄体重控制在 100～110 kg。

2. 后备猪的管理

（1）分群管理　体重在 60 kg 以前，可以 4～6 头为一群进行群养。60 kg以后，应按性别和体重大小再分成 2～3 头为一小群饲养。

（2）后备猪 6 月龄以后应测量活体膘厚，按月龄测定体尺和体重，对发育不良的后备猪，应分析其原因，及时进行淘汰。

（3）后备猪长到一定年龄后，要进行人畜亲和训练，饲养人员要经常抚摸猪的耳根、腹部、乳房等处，促使人畜亲和。

（4）后备猪日常管理，要实施"四定"（定时、定量、定饲喂方式、定质）。注意防寒保暖和防暑降温，保持环境与栏舍的清洁与干燥，给予充足干净的饮水。

（5）湘村黑猪 4—5 月才达到性成熟。公猪 8～10 月龄、体重 110～130 kg开始配种使用，母猪 8～9 月龄、体重以 100～120 kg 配种为宜。

后备猪日作息见表 6-4。

表 6-4　后备猪日作息表

时间	7：00	8：00	8：30	9：00	10：00	12：30	13：00	16：00	17：00	18：30	22：00
项目	清洗食槽	喂料	巡栏	清扫栏舍	喂青饲料	喂料	巡栏	清扫栏舍室内外	喂料	喂青饲料	巡栏

三、待配母猪的饲养管理

待配母猪包含后备母猪和断奶后的经产母猪，配种前以 2～3 头一圈，为了避免合群初期猪互相咬斗，可采取留弱不留强、拆多不拆少、夜并昼不并、喷洒同一种药液（如来苏儿）等办法，并圈的最初几天饲养员应多加看护，以防发生意外咬死、咬伤事故。

1. 营养水平　后备母猪正处在生长发育阶段，经产母猪常年处于紧张的生产状态，应重视蛋白质、维生素、钙、磷、硒的供给，一般要求每千克日粮中粗蛋白质含量应在 12% 以上，在体重 110 kg 以上的母猪日粮中每千克应供给 15 g 钙、10～12 g 磷、15 g 食盐、4 000 IU 维生素 A、280 IU 维生素 D、11 mg 维生素 E。同时日应供给 2.5～4 kg 青饲料。后备母猪配种前（30～75 d）适当加喂猪饲料提高能量水平，可增加母猪的排卵数。空怀母猪在仔猪断奶前 3 d 和后 3 d，限制精饲料，增加粗饲料，断奶后 4～7 d 增加营养。配种前期开始，所有母猪都要进行健康检查，对病猪及时治疗；对瘦弱者加强营养；对太肥的母猪及时改变日粮组成，饲喂方法以湿拌料为宜。

2. 日常管理　对猪应给予舒适的圈舍环境和耐心的调教与护理。冬季注意防寒保温，夏季注意防暑通风，保障适宜的温度、湿度、密度。猪在进圈前几天应加强调教，训练猪养成固定地点排粪、采食、睡觉的习惯，圈舍勤打扫，经常保持栏舍清洁、干燥。

建立稳定的生活制度。实施四定，即定时、定量、定质、定饲喂方式。饲喂时少喂勤添，不要经常变更日粮配方，防止采食发霉变质饲料。

3. 配种管理　要特别认真地观察母猪发情，适时配种。断奶母猪一般断奶后 3～7 d 发情配种。新发情母猪、返情母猪、流产或产死胎等妊娠、分娩不正常的母猪，发情当天配 1 次，第 2 天上午和下午各配 1 次，共 3 次。炎热天气配种宜在早、晚进行，切忌高温下配种，2 次配种间隔 12～18 h。

复情检查：一是在配种 18～24 d、38～44 d 时；二是观察阴户大小、分泌物颜色、精神状态。发情不正常的母猪，可采公猪刺激与使用催情素。做好配种记录，填写好种猪卡片。

待配母猪日作息见表 6-5。

表 6-5　待配母猪日作息表

时间	6:00	7:00	8:00	8:30	9:00	10:00	11:30	13:00	14:00—15:00	16:00	17:00—18:00	19:00	22:00
5—10月	清洗食槽	喂料	巡栏	配种	运动	清扫栏舍	喂青饲料	休息	休息	清扫室内外	运动	喂料	巡栏
11月至翌年4月		清洗食槽	喂料	巡栏	清扫栏舍	运动	配种	喂青饲料	休息	运动	清扫室内外	喂料	巡栏

四、妊娠母猪的饲养管理

妊娠母猪采食模式为早、晚精饲料，中餐青饲料，青饲料可整株投喂或切碎拌粉料饲喂。但值得指出的是，饲喂妊娠母猪的关键是能量分配，其总则是前低后高，以此确保胎儿正常发育和母猪生理机能、乳腺机能的正常发挥。

1. 营养需求　根据母猪体况、膘情和季节，每头母猪日采食量可按表6-6执行。注意饲料安全，精、青饲料应无污染、无霉变，特别是夏季应少喂勤添，防止饲料发酵变质。

表6-6　妊娠期内不同阶段母猪日采食量分配

阶段	时间区段（d）	日采食量（kg/头）	备注
第1阶段	0~7	1.8	限饲
第2阶段	8~37	2.3~2.5	体况差者适当补饲
第3阶段	38~90	2.0	限饲
第4阶段	91~110	2.9~3.6	依据体况补饲
第5阶段	111~114	1.8~2.2	限饲

2. 饲养管理　生产目的：

妊娠前期：提高受精卵着床率，减少胚胎死亡，提高窝产仔数。

妊娠后期：提高初生重，促进乳腺发育，通过母乳途径提高仔猪免疫力。

妊娠期饲喂水平越高，哺乳期采食量下降得越多。

检查猪群：清理粪便后逐头检查母猪发情和返情情况，尤其18~24 d、38~44 d的母猪；检查患病、跛行、流产、子宫炎等情况，及时治疗，不能处理的要及时上报。

妊娠初期母猪管理的重点是防止胚胎早期死亡。首先要注意喂给妊娠母猪全价的饲料，供给充足的饮水，使瘦弱母猪快速长膘。其次是注意环境卫生，保持适宜的环境温度，温度不过热、过冷。高温是造成胚胎死亡的重要因素。

妊娠中期母猪应单体饲养，这一期内应随时注意母猪的健康情况，每天检查母猪采食、精神、粪便的变化，发现异常，迅速采取措施，予以纠正。

妊娠后期最重要的是使母猪有旺盛的食欲和健康的体质。注意母猪乳房的变化，并根据变化情况调整饲料组成和喂量，一旦有明显的分娩症状，应尽快送到产房。

妊娠母猪调群时不要赶得太急，不能打猪、惊吓猪，防止母猪流产。

严格执行免疫程序，准时进行仔猪黄痢等传染病的防疫。按要求进行环境清扫与消毒，保持良好的环境卫生，同时做好防暑降温、防寒保暖、通风换气工作。

产前 10 d 给母猪投喂伊维菌素，以驱除体内外寄生虫，从而避免仔猪感染；产前 5 d 给母猪投喂长效土霉素，以提高母猪抵抗力和预防仔猪黄痢。

母猪妊娠 110 d 左右，将母猪由妊娠舍转入产房，转舍前对母猪身体特别是乳房、外阴部进行严格清洗消毒，先用皂液，后用 1%～2% 的高锰酸钾浴液。冲洗猪体时要用温水沐浴，不可用凉水，冬季应用毛巾将猪体擦干。

妊娠母猪日作息见表 6-7。

表 6-7 妊娠母猪日作息表

时间	7：00	8：00	8：30	9：00	11：30	12：00	16：00	18：30	19：00	24：00
项目	洗食槽	喂料	巡栏	清扫栏舍	喂青饲料	巡栏	清扫舍内外卫生	喂料	巡栏	巡栏

五、分娩和哺乳母猪的饲养管理

（一）分娩母猪

1. 产床清洗消毒　在将母猪调入产床前，必须将产架及猪舍各部分彻底冲洗干净，墙角和产床缝隙等处所残留的粪便也应仔细清除，待其干燥后，先用火焰消毒 1 次，然后用 2% 的氢氧化钠溶液或 2%～5% 来苏儿溶液等进行消毒，用清水冲净，然后空栏晾晒 3～5 d，方可调入母猪，产房应保持干燥温暖，相对湿度最好为 60%～70%，适宜温度为 18～22℃，不能低于 15℃、高于 27℃。舍内通风良好、空气新鲜、光线充足。同时还应对分娩用具如红外线灯、仔猪箱等检查并清洗消毒。

依据预产期和临床征兆，产前 7 d 将临产母猪移入产床。母猪进入产床后应加强对母猪体型和行为的观察（表 6-8），一旦有分娩症状，要做到人不离猪。

表 6-8 母猪临产前表现

产前表现	距产仔时间
乳房膨大	16 d 左右
阴户红肿尾根两侧下陷	3～5 d
挤出乳汁（从前边乳头开始）	1～2 d

（续）

产前表现	距产仔时间
不安，起卧（初产猪早些）	8～10 h
乳汁由清变浓（乳白色）	6 h
呼吸加快（90 次/min）	4 h
躺下，四肢直伸	10～90 min
阴户流出分泌物	1～20 min

产仔前将母猪调入产房，开始饲喂哺乳母猪料。母猪产前 1～2 d 减料，分娩 12 h 内不喂料，但必须保证充足饮水，在水中加入少量麦麸和食盐。

2. 产前准备与接产　母体消毒，母猪临产时，先用清洁的水清洗阴户、腹部、乳房和乳头并将其擦干，后用 0.1% 的高锰酸钾溶液（溶液呈苋菜水样红）清洗并擦干；擦干羊水，仔猪从产道排出时，全身被覆着黏液，应及时将其擦干，可用嫩软的干草衣，但最好用毛巾。干草衣要在阳光下暴晒消毒，毛巾要经过消毒。对鼻腔和口腔用消毒毛巾擦拭，以利呼吸顺畅；待脐带稍凉，回脐血后，断脐，对仔猪做人工断脐术，术后用碘酒涂抹（消毒）断口。

3. 难产与假死的处理　①用手伸入产道与子宫，将胎儿拉出；②若胎儿非异位或非过大，一般可肌内注射催产素（垂体后叶素或缩宫素 10～50 U）催产。

（二）哺乳母猪

1. 日粮供给　生产分娩 12 h 内不喂料，第 1 天下午 0.5 kg，第 2 天上午 1.0 kg、下午 1.0～1.5 kg（如果需要），第 3 天上午 1.5 kg、下午 1.5 kg（如果需要），以后逐渐增加，5～7 d 后按哺乳母猪的饲养标准喂给。刚刚分娩不久的母猪，如果喂得太多，易造成消化不良，便秘或腹泻，同时会造成仔猪腹泻。对于产前较瘦弱的母猪，应当加喂一些富含蛋白质的催乳饲料。少部分新调入产房的母猪易发生便秘，而便秘又常常是引起子宫炎、乳腺炎、无乳症候群的重要因素。便秘母猪采食量严重下降，产后无乳，仔猪瘦弱，易腹泻、死亡。给母猪适当喂一些粗纤维日粮（如麸皮汤等），保证充足的饮水或在日粮中加入适量的泻剂如硫酸钠、硫酸镁等（每吨饲料中可添加 1.8 kg 硫酸钠），可以有效地防治母猪便秘。母猪产后，哺乳期间体重下降 15%～20%，为了提高泌乳力，并防止母猪断奶时过分瘦弱，不应采取限制饲养方式，相反，应当采取措施增大母猪的采食量。为此，要注意日粮的适口性，每顿少喂勤添，日喂 3~4 次，每次定时、定量，但注意不要造成过食，切忌突然改变饲料。母猪在断奶前 2~3 d 应逐渐减少母猪的喂料量，以防乳腺炎发生。哺乳母猪的喂料量应根据不同的个体区别对待。对于带仔多的母猪，要充分饲养，防止因饲料不足造成无乳或少乳；对带仔少的母猪，要适当控制喂料量，防止断奶时体况过肥。

2. 产后护理　母猪产后不久即可排出胎衣，应及时将胎衣取走。严防母猪产后子宫内膜炎，实施产后"三素"（抗生素、催产素、皮质类固醇激素）注射是预防子宫内膜炎的有效方法。也可以在母猪产后 24 h 内在外阴部皮下注射 1 mL 氨基丁三醇前列腺素 $F_{2\alpha}$。给母猪创造安静的环境，让母猪充分休息，禁止大声喊叫或鞭打母猪，注意产床清洁、干燥，保护母猪乳房不受伤害，经常检查，如有损伤及时治疗，冬季保持圈内舒适温暖。母猪在哺乳期间泌乳不足或缺乳。催乳的基本途径应是在全面分析原因、改进饲养管理的基础上进行饲料调整，给母猪多喂一些青绿多汁饲料、豆类、鱼粉，喂给中药，以及按摩乳房。对于分娩后便秘、无食欲的母猪，要尽早喂给泻盐或人工通便。哺乳母猪断奶后，主要任务是促进母猪提早发情，并在首次配种后能够受胎。一般情况下，母猪断奶后及时移至配种舍，大多数在 3~7 d 发情配种。

第七章
湘村黑猪疫病防控

第一节　猪场疫病防控制度

一、隔离时间

要求：所有来访者，包括员工，都要遵守猪场的隔离政策；任何与非猪场的猪接触过的人，至少有 3 d 的隔离期后才允许进入猪场。

二、安全措施

要求：所有围墙大门始终保持紧锁；所有猪舍通往外部的门要始终保持紧锁；所有户外区域保持干净整洁有序，无多余的灌木、杂草；只有猪场生产管理人员才能进入猪场生产区与生活区。

三、保安

要求：保安 24 h 在大门值班；保安的职责是限制闲杂人员进入猪场，仅允许猪场授权许可的工作人员及车辆入内；保安不能超越大门区域；保安不可进入其他生产人员宿舍和生产区。

四、猪场住宿规定

为减少疾病进入，猪场的员工每个月工作 26 d、休息 4 d。在工作日期间，员工要住在猪场宿舍，无特殊情况不能离开住宿区域。

休假期间，员工应尽最大可能避免与猪或与猪相关的东西接触，包括猪粪、屠宰场、农贸市场。

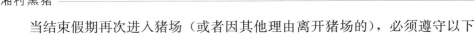
当结束假期再次进入猪场（或者因其他理由离开猪场的），必须遵守以下规程：

（1）员工必须在第 3 天休息日 17：00 前回到员工宿舍。

（2）员工淋浴需按照以下淋浴步骤；步入沐浴室（沐浴是强制性的），用猪场提供的洗发水、沐浴露彻底清洗身体与头发；彻底清洗眼镜。沐浴时间至少 5 min。可以在洗澡间里，或是净区更衣室用浴巾擦干身体。穿上猪场提供的衣服，包括内衣。

（3）带进猪场的服装进入净区之前要在脏区进行清洗。

（4）任何其他物品带进猪场都要经过漂白剂消毒（喷雾瓶中按 1：10 稀释）。未煮熟的家禽肉类和蛋类不许带入猪场。

（5）员工可选择在休假期间留在猪场宿舍。但休假期间只有一次外出机会（例如去市区一趟）。

五、进入猪舍

猪场员工或是访客，禁止穿着去过其他猪场的衣物或鞋或是与非猪场的猪或猪粪有过直接接触的衣物与鞋子。

鞋子要在淋浴（更衣）室外清洗，以减少从受污染的交通环境中携带病菌的风险。

进入猪舍之前的淋浴和更换衣服是强制的。这条规定没有例外。

六、物品传递窗

所需物品应尽可能通过物品传递窗进入猪场。

通过传递窗进入猪舍的物品（包括午餐）要用漂白剂（喷雾瓶按 1：10 稀释）消毒，通过传递窗进入。眼镜可通过传递窗消毒或在淋浴室进行冲洗后带入猪舍。

任何来自其他猪场的物品都不能带入本猪场。

物品传递窗要始终保持紧锁。

任何种类的纸箱都不许出现在办公室或猪场的净区。

不能消毒的物品（书籍、手册等）必须留在办公室的脏区 3 d，然后才能经过物品传递窗进入。

私人手机和其他个人电子设备不允许带入猪场或办公室的净区。

七、熏蒸消毒室

只要可能,所有物资都应通过该室进入。

消毒步骤如下:

(1) 箱子应首先喷洒消毒剂。

(2) 物资从外部箱子中取出,放置在适当的架子上。

(3) 物资通过"飓风喷雾器"用消毒液熏蒸 5 min,允许在排气扇转动之前,设置至少 1 h 的封闭消毒时间。

(4) 将喷雾器的水箱注入水与 100 mL 复方戊二醛消毒液。装满水的水箱应能够进行 2～3 次的喷雾消毒。据此来调整喷雾器的输出量。

(5) 物资进入猪场之前再次喷洒消毒剂。

通往外部门始终保持紧锁。

八、食品限制

多种疫病,如蓝耳病、口蹄疫和猪瘟等都可以通过肉制品传播。

生活区肉类食品限制:禁止将牛肉、羊肉或者外来猪肉产品带入生活区。禽类产品只有经煮熟后才能带入。

生产区食品限制:生产区严禁携带任何食品。

九、来访者

任何来访者必须获得生产部经理的批准才能入内。

所有猪场来访者访问前必须了解猪场规定的隔离期,并且在访问前 3 d 得到生产部经理的批准。

不主张来访者访问公猪站,来访者必须有收到邀请。

如有未经许可的来访者,应立即报告经理,并要求访客离开。

在进入猪场前对所有访客进行登记。确保登记本上的每个项目都登记清楚。

任何来访者到达时,场长必须到场,确保来访者遵守相应规程。

十、维护访问

外部维修人员或设备的进入需经过生产部经理的批准。猪场备有常用于维修所需的工具。设备/工具在进入猪场之前必须经过清洁和消毒。所有设备/工具进入猪场前都需经过场长的检查。场长要确保来访者遵守隔离期要求。场长必须确保来访者遵守所有进入猪场的程序。

十一、猪场车辆

各猪场之间运送人员的车辆应视为潜在的污染物，车厢至少每周清洗消毒1次。用消毒剂（或漂白水）喷洒地毯、脚踏、方向盘及换挡杆。

如果车辆接触了污水或猪，则在进入另一个场地前应先洗净。

饲料车至少每周1次清洗和消毒。卡车驾驶舱也要清洁，地垫、脚踏、方向盘、换挡杆喷撒消毒剂（或漂白水）。

进入猪场之前必须有3 d的隔离期，并经过彻底的清洗和消毒。

司机只能在卡车和饲料仓2 m范围之内活动。

十二、动物运输

卡车外部和拖车内外部要在每次使用后进行清洗和消毒。卡车内部的驾驶室也要每周进行清洁，地垫、脚踏、方向盘、换挡杆要喷撒消毒剂（或漂白水）。

如果从保育场到公猪站需要隔离3 d。

装猪和卸猪时司机须穿上干净的连体工作服和靴子。

司机只能在卡车和拖车2 m范围之内活动。

运猪车司机须在猪场住宿，与猪场其他员工一样遵守作息时间与隔离要求。

装车或卸车时，司机负责在拖车内赶猪。司机应在拖车里作业，不能进入猪舍。

猪场人员不得进入拖车。如果猪场员工需要进入拖车辅助司机，他们必须经过淋浴程序，再进入猪场。

分界线：

（1）分界线在进猪台的尽头。猪场员工将猪从猪舍赶到进猪台的尽头，然后可以重新回到猪舍。

（2）在装猪时一旦猪走到装猪台上就不能再回到猪舍，或一旦进入猪车就不能再回到进猪台。

（3）每次运输后，卸/装猪台都要进行清洁与消毒。

转移死猪：

（1）死猪要在当天移走。

（2）负责此任务的工作人员直到第 2 天才能再次进入猪舍。

（3）该过程由两人完成（一人在洁净区，另一人在污染区），以确保遵守生物安全制度。

（4）在此过程中万一有工作人员接触了脏区的物品，则通过最靠近的出口退出猪舍，第 2 天才能再次进入猪舍。他们携带的工具和服装再次进入猪舍之前确保经过熏蒸消毒。

（5）时刻保持拖车清洁。

十三、鼠类和害虫防治

定期检查饵料投放点，在有虫害的区域投放点间距不超过 3 m。

野草和多余植物应定期清除。除维护良好的绿化带之外，其他植物均不得高于 10 cm。

清除所有不必要的杂物或瓦砾碎片。

防鸟网要安装在合适的位置，保养得当。如发现任何破洞要及时记录报告并迅速修补。

十四、死猪化尸无害化步骤

用拖猪车将死猪拖到化尸池边，按照保险公司拍照要求拍照后，用一次性刀片隔开腹部，切开一段肠壁，肠道内容物严禁漏到化尸池周边地面；每月向化尸池投放 40～50 kg 生石灰或一定量的氢氧化钠并记录。

第二节　湘村黑猪主要传染病的防控

一、猪传染性胸膜炎

猪传染性胸膜炎是由胸膜炎放线杆菌引起的猪的一种呼吸道传染病，以肺炎和胸膜炎为特征性病变。本病可引起猪的高度呼吸困难，猪因发生急性败血症而突然死亡；感染后存活的育肥猪生长缓慢，平均日增重和饲料转化率下降，而耐过种猪因带菌往往成为潜在的传染源，为猪场现阶段危害较大的疾病之一。

（一）流行病学

病猪和处于潜伏期的感染猪是主要的传染源。传播途径是飞沫传播，另外气候突变、饲养密度大、通风不良等因素是诱发本病的重要因素。各阶段猪均可感染，但以生长阶段和育肥阶段的猪较为常见，保育猪较少发生。

本病呈世界性分布，但不同国家和地区流行的优势血清型有差异，如欧洲国家多为血清型 2、3 和 9，韩国为血清型 2、3、4 和 5，日本为血清型 2 和 5，北美地区的流行血清型为 1、5 和 7，我国台湾主要流行血清型 1 和 5，我国大陆优势血清型为血清型 1、2、3 和 7 等。随着国内外种猪交流日益频繁，我国的优势血清型将发生变化。

（二）临床症状

1. 急性型　体温升高至 41.5℃ 以上，持续不退，呼吸困难，呈腹式呼吸，并伴有阵发性咳嗽，濒死前口鼻流出带血的泡沫样分泌物，耳鼻及四肢皮肤呈紫蓝色，常于 1d 内窒息死亡。

2. 亚急性型　体温升高至 40.5～41.5℃，通常由急性型转变而来，主要表现为气喘、食欲不振和间歇性咳嗽，最后可逐渐痊愈或转为慢性经过。

3. 慢性型　精神和食欲变化不明显，但消瘦、生长缓慢、饲料转化率低。

（三）诊断

对于急性型病例，根据发病日龄、死前口鼻流出带血的液体以及肺脏特征性病变可以做出初步临床诊断。慢性病例较难与其他慢性消耗性疾病相区分，确诊必须依赖实验室检测。

常见的诊断方法有：①病原学检测。细菌分离鉴定和 PCR 检测方法。②血清学检测。采用酶联免疫吸附剂检测猪体内猪胸膜肺炎放线杆菌溶血毒素 ApxⅠ、ApxⅡ 和 ApxⅢ 抗体，或者用菌体致敏海绵羊红细胞而建立的间接血凝方法，检测不同血清型胸膜肺炎放线杆菌抗体，从而做出诊断。③鉴别诊断。本病注意与猪肺疫、副猪嗜血杆菌病、支原体肺炎和猪流感等呼吸道疾病相区分。

（四）防控措施

本病的预防主要是加强饲养管理，如同其他呼吸系统疾病一样，气温剧变、闷热、潮湿、寒冷、通风不良、密度过高和猪群的转栏等因素易诱发本病，因此要改善饲养环境，减少应激。另外，定期使用消毒药对猪舍内外进行消毒，有助于降低环境中病原微生物的数量，降低本病发生的概率。如必须引种，应隔离并进行血清学检查，确认为阴性猪才可引入，并隔离观察一个月再混群饲养。

药物防治要早期及时治疗，并注意耐药菌株的出现，要及时更换药物或联合治疗。猪胸膜肺炎放线杆菌对氟苯尼考、替米考星等敏感，对出现临床症状的猪，可用敏感药物进行注射。对受威胁而未发病的猪，可在饲料或饮水中添加药物治疗。为防止耐药现象产生，须定期轮换使用不同品种的药物，实际用药以兽医出具的处方为准。

二、猪链球菌病

（一）流行病学

本病无严格的日龄区别，大猪、小猪均可感染，尤以保育猪发病率最高，其次为中猪，成年猪发病较少。本病可通过伤口直接接触传播；呼吸道、消化道亦是本病的主要传播途径。本病在我国呈地方流行性，多数为急性败血型，在短期内波及全群，发病率和病死率较高；慢性型呈散发型。本病无明显的发病季节，但以天气闷热潮湿的夏秋季节发病率最高。

（二）临床症状

根据猪链球菌病在临床上的表现，将其分为 4 个型：

1. 急性败血型　急性败血型猪链球菌病发病急、传播快，多表现为急性败血型。病猪突然发病，体温升高至 41～43℃，精神沉郁、嗜睡、食欲废绝，流鼻液、咳嗽，眼结膜潮红、流泪，呼吸加快。多数病猪往往当晚未见任何症状，翌晨已死亡。少数病猪在病的后期，于耳尖、四肢下端、背部和腹下皮肤出现广泛性充血、潮红。

2. 脑膜炎型　多见于 70～90 日龄的仔猪，病初体温升高至 40～42.5℃，不食，便秘，继而出现神经症状，如磨牙、转圈、前肢爬行、四肢游泳状或昏睡等，有的后期出现呼吸困难，如治疗不及时往往病死率很高。

3. 关节炎型　由前两型转变而来，或者从发病起即呈现关节炎症状。表现为一肢或几肢关节肿胀、疼痛、跛行，甚至不能起立。病程 2～3 周。死后剖检，见关节周围肿胀、充血，滑液混浊，重者关节软骨坏死，关节周围组织有多发性化脓灶。

4. 化脓性淋巴结炎（淋巴结脓肿）型　多见于下颌淋巴结，其次是咽部和颈部淋巴结。受害淋巴结肿胀、坚硬、又热又痛，可影响采食、咀嚼、吞咽和呼吸，伴有咳嗽，流鼻液。肿大淋巴结至化脓成熟，肿胀中央变软，皮肤坏死，破溃流脓，以后全身症状好转，局部逐渐痊愈。病程一般为 3～5 周。

（三）诊断

猪链球菌病感染一般可根据临床症状和病理剖检变化进行初步诊断。确诊需要通过血清学检查、分离病原菌和病理组织学检查等实验室方法进行。

（四）防控措施

做好消毒工作，清除传染源，病猪隔离治疗，带菌母猪尽可能淘汰。污染的用具和环境用消毒液彻底消毒。急宰猪或宰后发现可疑病变的猪胴体，经高温处理后方可食用。

保持环境卫生、消除感染因素。经常打扫猪圈内外卫生，防止猪圈和饲槽上有尖锐物体刺伤猪体。新生的仔猪应立即无菌结扎脐带，并用碘酊消毒。

做好菌苗预防接种。猪链球菌血清型较多，不同菌苗对不同血清型猪链球菌感染无交叉保护力或交叉保护力较小。预防用疫苗最好选择相同血清型菌苗。菌苗最好用弱毒活菌苗，因为细胞免疫在抵抗猪链球菌感染中发挥着很大作用。

药物预防。猪场或猪场周围发生本病后，如果暂时买不到菌苗，可将药物添加于饲料中用于预防，以控制本病的发生。

三、猪支原体肺炎

猪支原体性肺炎是由猪肺炎支原体引发的一种慢性肺炎，又称猪地方流行性肺炎。本病一直被认为是对养猪业造成重大经济损失、最常发生、流行最广、最难净化的重要疫病之一。近年来由于本病经常和猪繁殖与呼吸综合征病毒、圆环病毒等其他病原混合感染，造成重大的经济损失，从而突显出了其重要性。

（一）流行病学

湘村黑猪易感本病，病猪、带菌猪是本病的主要传染源，病原体是经气雾或与病猪的呼吸道分泌物直接接触传播的，其经母猪传给仔猪，使本病在猪群中持久存在，其严重程度常因管理水平、季节、通风条件、猪的密度及其他环境因素改变而有很大差异。

本病最早可能发生于2～3周龄（地方品种有9日龄的）的仔猪，但一般传播速度缓慢，在6～10周龄感染较普遍，许多猪直到3～6月龄才出现明显症状。

易感猪与带菌猪接触后，发病的潜伏期大约为10 d或更长时间，并且所有自然发生的病例均为混合感染，包括支原体、细菌、病毒及寄生虫等。

（二）临床症状

本病初期表现为干咳、气喘，尤其在驱赶时猪群表现较为明显。病猪初期主要症状为咳嗽，体温升高到40～42.5℃，精神沉郁，食欲减退或废绝，趴窝不愿站立，眼鼻有黏液流出，眼结膜充血，个别病猪呼吸困难、呈腹式呼吸、喘气、咳嗽、有犬坐姿势，夜里可听到病猪哮喘声。因此多数病猪体温正常或略有发热，食欲和精神状况正常。新生仔猪和小猪感染后，极少出现呼吸道症状，但消瘦、生长缓慢、猪个体大小不一；中猪多数以肺炎症状为主；成年猪以隐性感染、亚临床感染为主，临床症状不明显，仅在寒冷刺激时发出咳嗽声。

病理变化主要是：在双侧肺的心叶、尖叶、中间叶的腹面和膈叶，呈实变外观，颜色多为灰红，半透明，像鲜嫩的肌肉样，俗称肉变，病变部与正常部位界限明显。肺门和纵隔淋巴结肿大、质硬、灰白色，有时边缘轻度充血，切面外翻湿润。如无继发感染，其他内脏器官一般无明显病变。

（三）诊断

根据病猪特征性干咳、生长不良、体温变化不大以及肺脏对称性病变，可做出初步诊断，但是病猪及隐性感染猪的确诊必须依靠实验室诊断（包括X线检查、病原学检查、抗体检测）。

（四）防控措施

加强饲养管理：①自繁自养，遵守全进全出原则。②保持猪群密度合理、舍内空气新鲜，加强通风减少尘埃，人工清除干粪降低舍内氨气浓度。③断奶后 10～15 d 仔猪环境温度应为 28～30℃，保育阶段温度应在 24℃以上，不低于 22℃。保育、产房注意减少温差，使用良好的地板隔离，对猪群进行定期驱虫。④尽量减少迁移，降低混群应激。⑤执行 7 d 换料制度，降低换料应激，定期消毒，彻底消毒空舍等。

使用药物和疫苗培育健康群：①妊娠母猪分娩前 14～20 d 以硫酸大观霉素或林可霉素等投药 7 d。②7 日龄给仔猪免疫气喘病灭活苗。③有效的早期个体治疗。使用恩诺沙星、泰乐菌素轮换用药单体治疗早期咳嗽的猪。④做好其他病毒性疾病的预防，如繁殖与呼吸综合征、猪圆环病毒病的预防，减少继发感染。

四、副猪嗜血杆菌病

副猪嗜血杆菌病又称猪多发性浆膜炎与关节炎或革拉瑟氏病，由某些高毒力或中等毒力血清型的副猪嗜血杆菌引起。近年来，本病的发生率呈逐年增长的趋势，猪场亦会散发。

（一）流行病学

由于本菌是猪上呼吸道中的常在菌，因此健康带菌猪可成为传染源。其在转群、断奶后失去母源抗体保护，其他疾病导致免疫力下降时，可出现症状，排出病原菌。本病主要通过呼吸道传播，污染的器械也是传播媒介。

本病只发生于猪，2～4 月龄的育肥猪均可感染，但常见于 5～8 周龄的保育仔猪，发病率一般为 10%～15%，严重时病死率可达 50%。在健康猪群中引入带菌的种猪时，将会引起本病的暴发。临床上副猪嗜血杆菌继发于猪的其他呼吸道疾病，如支原体肺炎、猪流感、伪狂犬病、繁殖与呼吸综合征或猪圆环病毒病。

（二）临床症状

临床症状中，以呼吸道症状最为常见，其次为关节肿大、运动障碍，少数为神经症状。

感染高毒力菌株后，病猪发热、食欲不振、厌食；呼吸困难、咳嗽；关节肿胀、跛行、颤抖；共济失调、可视黏膜发绀，随之可能死亡。急性感染后可能留下后遗症，即母猪流产、公猪慢性跛行。感染中等毒力的猪往往出现浆膜炎与关节炎。

病理变化：初期心包积液、胸腔积液、腹水和关节液增加，继而在胸腔、腹腔和关节等部位出现淡黄色的纤维素性渗出物，严重病例发现心包与心脏、肺与胸膜粘连，或整个腹腔各脏器包括肝脏、脾脏与肠道等粘连。脑膜充血出血或混浊增厚，脑回展平，脑沟变浅，脑沟中有浆液性渗出物。渗出物中可见纤维蛋白、中性粒细胞和较少量的巨噬细胞。此外，副猪嗜血杆菌引起的急性败血症中可见皮肤发绀、皮下水肿和肺水肿。

（三）诊断

根据特征性的临床症状和剖检变化可以做出初步诊断，确诊需做实验室检查，包括细菌分离、PCR 检测、血清学检测。

（四）防控措施

1. 加强饲养管理　保持合理的饲养密度、加强通风与保温、确保饲料营养全面、保证维生素与微量元素供应充足等。

2. 药物预防　早期使用抗生素治疗有效，可减少死亡；临床症状出现后，需立即采用口服之外的方式应用大剂量的抗生素对整个猪群进行投药治疗，而不仅仅只针对出现临床症状的猪。多数副猪嗜血杆菌分离株对氟苯尼考、替米考星、阿莫西林、头孢类等药物敏感。近年来，副猪嗜血杆菌对喹诺酮类和磺胺类药物的抗药性有增加的趋势。

3. 免疫预防　根据猪场免疫程序认真准确执行。

第三节　湘村黑猪主要寄生虫病的防控

猪的寄生虫病是对猪健康生长发育造成严重隐蔽危害的一种疾病，寄生虫与宿主争夺营养物质，造成猪的生长迟缓、消瘦，破坏胃肠道黏膜，妨碍营养物质的吸收；造成消化道阻塞，引起腹泻；诱发其他疾病（肺炎、肠炎、腹泻、贫血等），导致猪经济利用价值下降；使猪躁动不安，破坏正常行为；造成猪的皮毛损伤，容易感染各种细菌。

一、猪蛔虫病

猪蛔虫病是由猪蛔虫引起猪的一种内寄生虫病。成虫寄生于小肠腔内，幼虫主要侵害肝脏和肺脏。其由于流行和分布极为广泛，生活史简单，繁殖能力和抗外界干扰能力强，所以在我国生猪养殖中感染率较高，达到 $50\%\sim75\%$。本病对养猪业的危害非常严重，主要引起仔猪发育不良，生长发育速度下降，严重时形成"僵猪"。

（一）临床症状及诊断

仔猪感染早期有轻度咳嗽，严重的病猪出现精神沉郁，呼吸、心跳加快，食欲不振，异嗜，呕吐，腹泻，消瘦，贫血，被毛粗乱无光，全身性黄疸等症状。蛔虫过多则阻塞肠道，表现为疝痛，腹部剧痛，经 $6\sim8$ d 死亡。

肝、肺有大量出血点，肝黄染变硬。在肝、肺、支气管等处常见大量幼虫。小肠有卡他性炎症、溃疡甚至破裂。

（二）防治措施

（1）预防性定期驱虫，消灭带虫猪。
（2）保持饲料和饮水清洁，避免猪粪污染饲料和饮水。
（3）保持猪舍和运动场清洁，减少虫卵污染，猪粪做无害化处理。
（4）预防病原的传入和扩大，引入猪时要注意。

二、猪附红细胞体病

猪附红细胞体病是由附红细胞体寄生于猪血浆、骨髓和红细胞表面引起的一种人畜共患病，临床发病的急性病例以贫血、黄疸和发热为主要特征。发病对象主要是保育仔猪，但也可见到母猪发病，导致流产甚至产死胎。本病经常与猪的其他疾病混合感染，从而表现出混合交叉症状。

（一）临床症状及诊断

（1）患猪精神沉郁，被毛粗乱，食欲减退或废绝，消瘦，胸肋轮廓突出，拱背缩腹，咳嗽，嗜睡。

（2）临床症状上本病与猪瘟、猪弓形体病和猪丹毒等疾病相似。与猪瘟相比较，病猪体温都升高，均出现精神沉郁、皮肤发红、发绀等症状。但不同的是本病黏膜黄染，而猪瘟无贫血和黄疸病症。通过流行病学调查、临床症状观察、病理解剖及实验室制片镜检可确诊。

（3）胸及颈部淋巴肿大、色淡、出血、坏死；肠系膜淋巴水肿，呈水样透明的浅黄色；心肌变薄，心叶坏死，有胶冻样渗出物，死亡猪心脏肿大与胸壁粘连；肺水肿，色变淡，呈淡黄色，死亡猪肺与胸膜粘连；肝大，表面有一圆形凹陷的坏死灶；直肠出血、坏死。

（二）防治措施

三氮脒 5～10 mg/kg（以体重计），用生理盐水稀释成 5％溶液，分点肌内注射，1 次/d，连用 3 d。辅以对症治疗，3 d 后症状消失。

由于本病常伴有其他继发感染，因此应注意辅以对症治疗。

三、猪球虫病

猪球虫病是一种由艾美耳属和等孢属球虫引起的仔猪消化道疾病，其中猪等孢球虫的致病力最强。仔猪出生后即可感染，5～10 日龄的仔猪最为易感，成年猪多为带虫者，成为该病的传染源。

（一）临床症状及诊断

病猪排黄色或灰色粪便，恶臭，初为黏液，1～2 d 后排出水样粪便，腹泻可持续 4～8 d，导致仔猪脱水、失重。15 日龄以内仔猪腹泻，应疑为本病。

确诊需要做粪便检查，在粪便中查出大量球虫卵囊，或做小肠黏膜直接涂片，发现大量裂殖体、配子体和卵囊即可确诊。

临床症状主要见于空肠和回肠，肠黏膜上有异物覆盖，肠上皮细胞坏死并脱落。组织边上可见肠绒毛萎缩和脱落，还可见到不同发育阶段的虫体。

（二）防治措施

可用氨丙啉或磺胺类药物进行防治。在有本病发生的猪场，可在产前或产

后 15 d 内的母猪饲料中拌加氨丙啉,预防仔猪感染。

对猪舍经常清扫,将猪粪和垫草运往储粪地点进行无害化处理。地面用热水冲洗,并用含氨和酚的消毒液喷洒,保留数小时或过夜。然后用清水冲去消毒液,这样可减少球虫卵囊的污染。

四、猪旋毛虫病

猪旋毛虫病为人畜共患的寄生虫病,幼虫常寄生于宿主的横纹肌内,常见的有舌肌、膈肌、嚼肌及肋间肌,而成虫则寄生在宿主的小肠内。

(一)临床症状

感染猪旋毛虫病的猪所见症状并不是特别明显。成虫可诱发肠炎,而幼虫侵入猪的肌肉之中,可以导致猪的四肢僵硬,肌肉疼痛、浮肿、温度升高和酸性粒细胞变多。

肠型成虫侵入肠黏膜时引起肠炎,黏膜增厚、水肿,黏液增多和淤血性出血等病变。大部分感染症状轻微、不明显,严重感染时多因呼吸肌麻痹、心肌和其他脏器炎性病变及毒素刺激而死亡。

(二)防治措施

治疗可用阿苯达唑,按每千克体重 300 mg 拌料,连用 10 d。

本病以预防为主,加强卫生检疫;控制或消灭饲养场周围的鼠类,避免猪摄食啮齿动物;不用生的废肉屑和泔水喂猪。

五、猪姜片吸虫病

由布氏姜片吸虫寄生于猪小肠引起的姜片吸虫病主要流行于长江流域及以南各省,是一种严重危害儿童健康及仔猪生长发育的人畜共患病。本病往往呈地方性流行,每年 5—7 月开始流行,6—9 月是感染高峰期。用水生植物喂猪的猪场多有本病发生,幼猪断奶后 1~2 个月就会受到感染。

(一)临床症状

患猪贫血,眼结膜苍白,眼睑和腹部水肿较为明显。消瘦,精神沉郁,食欲减退,消化不良,腹痛、腹泻,皮毛无光泽。

病变部位多见中性粒细胞、淋巴细胞和嗜酸性粒细胞浸润，肠黏膜分泌增加，血中嗜酸性粒细胞增多。

（二）防治措施

治疗用吡喹酮按每千克体重 50 mg 内服。同时，加强粪便管理，防止人、猪粪便通过各种途径污染水体，粪便堆积发酵后再用作肥料。

六、猪弓形虫病

猪弓形虫病是一种由刚地弓形虫寄生引起的以高热、呼吸困难、流产等为主要症状的人畜共患原虫病。猪的感染率较高，在养猪场中可以突然大批发病，病死率高达 60% 以上。

（一）临床症状

猪感染后，潜伏期为 3～7 d，体温升高至 40.5～42℃，稽留 3～10 d。病猪精神沉郁，食欲减退至废绝，伴有便秘或腹泻；呼吸困难，常呈腹式或犬坐呼吸；体表淋巴结尤其是腹股沟淋巴结明显肿大；随着病程发展，耳、鼻、后肢股内侧和下腹部皮肤出现淤血斑，严重的出现坏死；后躯摇晃或卧地不起。妊娠母猪若发生弓形虫病，往往表现为高热、废食，精神委顿，持续数天后出现流产或死胎。

胸腔内有大量橙黄色液体；肺呈暗红色，间质增宽，内有半透明胶冻样物质，切面流出大量带泡沫的浆液；全身淋巴结有大小不等的出血点和灰白色坏死点，以肠系膜淋巴结最为显著；肝脏肿大，有大小不等的灰白色坏死灶；脾脏早期显著肿大，后期萎缩；肾脏表面与切面布满针尖大小出血点；肠黏膜增厚，有溃疡或出血。

（二）防治措施

治疗首选磺胺类药物，全群用药在饲料或饮水中添加复方磺胺间甲氧嘧啶钠可溶性粉，个别治疗可选用磺胺嘧啶针剂。

做好猪舍内外环境消毒，舍外可使用 3%～5% 的氢氧化钠溶液消毒，舍内做好空栏消毒与带猪消毒。加强饲养管理，保持猪舍卫生，及时处理废弃物，粪便进行堆积发酵处理。对于疑似死于本病的猪及其粪便、流产的胎儿及胎衣做好无害化处理。养殖场与饲料厂要经常灭鼠，禁止猪、猫同养，防止猫粪污染饲料及饮水，同时也要防止猪捕食啮齿类动物。定期做好血液检查，根据结果做好保健性用药，并定期做好驱虫。

第八章
湘村黑猪猪场建设与环境控制

第一节　湘村黑猪猪场选址
应具备的条件

　　猪场的选址是猪场建设的第一步，是猪场保持长久发展的关键，也是猪场取得良好经济效益的基础。场址选择应根据猪场的性质、规模和任务，参考政府相关政策条件，考虑场地的地形、地势、水源、土壤、当地气候等自然条件，同时应考虑饲料及能源供应、交通运输、产品销售、与周围工厂和居民点及其他畜牧场的距离、当地农业生产、猪场粪污处理等社会条件，进行全面调查，综合分析后再做决定。具体参考如下：

　　1. 有利于防疫灭病，便于生产和减少工程投资　选择猪场场址首先应考虑猪场的防疫问题，并应在不影响防疫的同时，综合考虑猪场建成后产品及饲料等进出猪场运输及供电、供水诸因素，最后确定猪场的防疫间距。防疫间距一般为：①距工厂、学校、村镇及居民区 500 m 以上，且处于下风位置；②距主要公路、铁路和河流等交通频繁的地方 300 m 以上；③距畜禽屠宰场、肉食加工厂、皮毛加工厂应在 2 km 以上，并位于上风位置。

　　2. 地势高燥、避风向阳、排水方便　低洼潮湿的场地，不利于猪的体热调节和肢蹄发育，而有利于病原微生物和寄生虫的生存，严重影响建筑的使用寿命，而且雨季到来，常常受到洪水威胁，也不利于防疫。故要求所选地面应高出当地历史洪水线以上，且地下水位应在 2 m 以下。避风向阳可减少冬春风雪的侵袭，提高猪舍温度，并保持场区小气候的相对稳定。为了便于排水，防止积水和泥泞，地面应平坦而稍有坡度，一般以 1%～3% 的坡度较理想，最大坡度不得超过 25％。

3. 水源充足，水质良好，且便于取用　水源是建设猪场首先必须考虑的条件之一。一个猪场特别是大型规模化猪场，每日猪饮用、冲圈、调制饲料及饲养管理人员生活用水等用水量相当大，所以必须有充足的水源，且水质不经处理最好能达到饮用标准为理想。一般地下水最理想。

4. 场地选择　要求场地土质坚实，渗水性强，未被病原微生物污染过，选择场址最理想的土质是沙地土。

第二节　湘村黑猪猪场建筑的基本原则

场地选定后，应根据有利于防疫、改善场区小气候、方便饲养管理、节约用地等原则，考虑当地气候、风向、场地的地形地势、猪场各种建筑物和设施的尺寸及功能关系，规划全场的道路、排水系统等，确定各功能区的位置及每种建筑物和设施的朝向、位置。

一、场区规划

猪场一般可分为四个功能区，即生产区、生产管理区、隔离区、生活区。为便于防疫和安全生产，应根据当地全年主风向、流水向和场址地势，按顺序安排以上各区。场区地势宜有 1％～3％ 的坡度，实行雨污分离排出，建立封闭排污沟、干粪堆积发酵池和污水处理池（或沼气池），生产和生活污水经暗沟污水道进入污水处理池（或沼气池），雨水经明沟净水道排放，实现猪场污染减量化和粪便处理无害化。

二、建筑物布局

猪场建筑物的布局主要是正确安排各种建筑物的位置、朝向、间距等。布局时需考虑各建筑物间的功能关系、卫生防疫、通风、采光、防火、节约用地等条件。生活区建在生产区上风向前沿，生产区从上至下各类猪舍排列依次为：公猪舍、母猪舍、哺乳猪舍、仔猪舍、育肥舍、病猪隔离舍等。兽医室及病猪隔离舍、解剖室、粪便场在生产区的最下风向低处。饲料加工调制间在种猪舍与育肥舍之间，有条件的最好将繁育场与育肥场分开建设。猪场周围应建围墙或防疫沟。

第三节　湘村黑猪猪场建设要求

在新建猪场或旧猪舍的改造中，采用以周为单位小幢式、全进全出的建筑方案，可以实行严格的消毒防疫，是防止疾病传播的关键措施之一。一个完整的猪舍主要由屋顶、墙壁、地面、门、窗、畜粪池、隔栏等部分构成。漏缝地板的最大缝宽应符合基本要求：仔猪 11 mm；断奶仔猪 14 mm；育肥猪 18 mm；后备母猪和生产母猪 20 mm。此外，还应考虑猪舍的朝向、生物安全和污物的处理等，均应符合一个合格猪场的要求。

一、环境与环境控制

圈舍通风、明亮，地面干燥、卫生，以保持环境舒适。粪沟无污积，周围无杂草，以减少蚊蝇滋生。地势高燥、不积水、不返潮。饮水充足、洁净。栏舍坐北朝南、背风向阳、通风、干燥、明亮。粪尿人工收集或排出舍外、氧化发酵、用作肥料或制作沼气。

室内环境如表 8-1 至表 8-3 所示。

表 8-1　不同生理和生长阶段猪的温度要求（℃）

阶段	适宜温度	最高温度	最低温度
种公猪	13～19	25	10
种母猪	13～19	27	10
妊娠后期母猪	16～20	27	10
哺乳母猪	18～22	27	15
哺乳仔猪（1～7 日龄）	30～35	37	28
哺乳仔猪（8～30 日龄）	25～30	32	25
保育猪（7～15 kg）	22～28	30	22
中猪（15～60 kg）	18～22	27	13
大猪（60 kg 以上）	15～20	27	10

表 8-2　不同生理和生长阶段猪允许的相对湿度（%）

类别	适宜相对湿度	最高相对湿度	最低相对湿度
种公猪	60～80	85	40
空怀及妊娠前期母猪	60～80	85	40

（续）

类别	适宜相对湿度	最高相对湿度	最低相对湿度
妊娠后期母猪	60～70	80	40
哺乳母猪	60～70	80	40
哺乳仔猪	60～70	80	40
培育仔猪	60～70	80	40
育成猪	60～80	85	40
育肥猪	60～80	85	40

表8-3 不同生理和生长阶段猪的饲养密度（集约化条件下）

阶段	面积（m²/头）	密度（头/圈）	备注
种公猪	10	1	带运动坪
空怀母猪、后备母猪	1.3	2～3	带运动坪
妊娠母猪	1.3	1	
哺乳母猪	4	1	
保育猪（7～15 kg）	0.3	10～12	
中猪（15～60 kg）	0.6	10～12	
大猪（60 kg以上）	0.7～1.0	10～12	

二、防疫规范

（一）卫生防疫

1. 全进全出原则 整批进、整批出，在进出之间，空栏净化7 d（栏舍场地彻底消毒）。

2. 消毒用药选择 既可选择以离子态氯、溴、碘、季铵盐类、醛类及协同有机酸等为有效作用物质而研究生产的诸多新型消毒剂，也可选择煤酚类、强碱类和氯剂类等传统消毒剂。传统产品的用法与用量见表8-4。

3. 新建猪舍和栏舍空栏净化3次消毒法 第一次，对栏舍周围及栏内地面、墙壁、墙角和粪沟彻底冲刷洗净、晾干，再将选定的某种药剂按其有效浓度的药液泼洒喷施，覆盖面达到 100％（无消毒空白），晾置 3～5 d，再洗净晾干。第二次，采用可熏蒸消毒的药剂对栏舍内实施熏蒸消毒，应紧闭门窗。可用 25 mL/m³ 的福尔马林加 12.5 mL 水与 25 g 高锰酸钾，消毒时间不少于10 h，室内温度不低于 15℃。第三次，采用可带体消毒的另一种药剂或另一种浓度的药液，重新喷施，100％覆盖，晾干至空栏的第 7 天。

表 8-4　环境消毒常用药品及用法用量

药品名称	杀灭对象	消毒的有效浓度（％）与用法		备注
		环境、猪舍	带体	
草木灰	细菌、病毒	10.0～20.0		
氧化钙（生石灰）	细菌、病毒	5.0～10.0		
氢氧化钠（烧碱）	细菌、病毒、芽孢	2.0～5.0		强腐蚀
漂白粉（有效氯25％）	细菌、病毒、芽孢	10.0～20.0	5.0	腐蚀
福尔马林（甲醛40％）	细菌、病毒、芽孢、霉菌	10.0	2.0	有刺激
来苏儿（煤酚皂50％）	细菌、病毒、疥螨	5.0	2.0	
克辽林（总酚10％）	细菌、病毒、疥螨	5.0	2.0	

4. 带体（局部）消毒法　将选取的药剂按带体消毒允许浓度，连猪在内，对整圈整舍进行喷施消毒。一般预防消毒，每 7 d 消毒 1 次。疫情时期特殊消毒，每天消毒 1 次。

5. 常规消毒法　将选取的药剂按环境消毒要求的有效浓度，对全场进行室内室外喷雾消毒，不留空白，100％覆盖。正常情况下，每月消毒 1 次；疫情条件下，每 3 d 或每 7 d 消毒 1 次。

6. 设置药浴消毒池与消毒盆　猪场的门卫、圈舍的出入口均要设置药浴消毒池与消毒盆，以供工作人员进出时对手、脚的随时消毒。

7. 药剂的选择原则　同样价格下，选择广谱性强、有效浓度低（稀释倍数大）的药品；抗药性，考虑病害微生物有可能产生对某种消毒剂的耐受性；在用药上，对药品既不可频繁变更，又不宜一成不变，应每半年更换一种药物。

（二）猪的重要传染病免疫程序

免疫程序见表 8-5，并及时（按时点）接种疫苗。

表8-5　猪重要传染病的免疫程序（剂量换算和用法详见药品标签）

疫苗品名	接种对象	首免		二免	
		接种时间	接种剂量（头份）	接种时间	接种剂量（头份）
猪瘟活疫苗	仔猪	21日龄	2	55～60日龄	3
	母猪	配种前10 d	4		
	繁殖公猪	6个月1次	4		
猪伪狂犬病灭活疫苗	仔猪	28～35日龄	0.5	49～77日龄	1
	母猪	产前21～28 d	2	哺乳期	2
	繁殖公猪	6个月1次	2		
猪细小病毒病灭活疫苗	后备公、母猪	配种前1～2个月	1		
乙型脑炎灭活疫苗	后备公、母猪	150日龄以后	1	间隔3～4周	1
	繁殖公、母猪	每年4月初	1		
猪气喘病疫苗	仔猪	7～14日龄	0.5	22～36日龄	0.5
	母猪	产前35 d	1	产前14 d	1
猪繁殖与呼吸综合征疫苗	繁殖公猪	2次/年			
	仔猪	14日龄	1	56日龄	1
	母猪	产前25～40 d	2		
猪链球菌病灭活疫苗	繁殖公猪	6个月1次	1		
	仔猪	63～70日龄	1		
	母猪	配种至妊娠35 d	1		
猪口蹄疫O型灭活疫苗	繁殖公猪	6个月1次	1		
	仔猪	70～84日龄	0.5	间隔2～4周	0.5
	母猪	配种前21 d	1		

（三）用药规范与猪肉卫生质量

1. 禁用药物或添加剂

（1）庆大霉素、氯霉素、阿伏霉素、呋喃唑酮、呋喃他酮、盐酸麻黄碱及其他同类药物。

（2）乙类促效剂，如盐酸克仑特罗、沙丁胺醇。

（3）人工激素，如己二烯雌酚、己烯雌酚、己烷雌酚。

2. 抗生素的停药期

（1）生猪（宰）售前，部分口服用抗生素的停药期见表8-6。

表8-6 口服用抗生素的停药期

药品名称	停药期（d）	药品名称	停药期（d）
阿布拉霉素	14	氧四环素（土霉素）	7
林可霉素（林肯霉素）	2	泰妙菌素	1
硫酸新霉素	14		

（2）生猪（宰）售前，部分注射用抗生素的停药期见表8-7。

表8-7 注射用抗生素的停药期

药品名称	停药期（d）	药品名称	停药期（d）
氨苄青霉素	18	泰妙菌素	10
羟氨苄青霉素	18	普鲁卡因青霉素	5
恩诺沙星霉素	10	三甲氧苄氨嘧啶	28
氧四环素（土霉素）	21	磺胺嘧啶	28
青霉素/链霉素	18	泰乐菌素	21

3. 猪肉卫生质量 见表8-8。

表8-8 部分药物猪肌肉残余量最大限值（我国香港标准）（$\mu g/kg$）

药品名	限值	药品名	限值	药品名	限值
盐酸克仑特罗	0	羟氨苄青霉素	50	多黏菌素	150
沙丁胺脂	0	氨苄青霉素	50	双氢链霉素	500
氯霉素	0	苄青霉素	50	二甲硝咪唑	5
阿伏霉素	0	杆菌肽	300	强力霉素	100
己二烯雌酚	0	金霉素	100	恩诺沙星	100
己烯雌酚	0	头孢噻林	1 000	红霉素	400
己烷雌酚	0	卡巴氧	5	呋喃唑酮	0

第四节　湘村黑猪猪场环境要求

一、温控系统

夏季猪舍室温在 27℃ 以下时，可打开通风窗，利用自然风除湿降温，或利用安装在漏缝地板正上方的加压喷雾系统进行降温。室温在 27℃ 以上时，关闭窗、封闭隔断门，向蜂窝湿帘内注水，开启轴流风机，进行负压降温。冬季关闭门窗，打开顶部进风口，利用变频风机保证猪舍正常换气。仔猪舍保温箱内利用红外保温灯采暖。保育舍采用地暖保温采暖。

二、通风系统

冬季寒冷，猪舍呈密闭状态，舍内的氨气、二氧化硫等有害气体浓度增大，可利用变频风机通风换气，有条件的栏舍可配合地沟风机同时使用。春秋两季，猪舍根据室温情况启用降温风机。夏季炎热，猪舍密闭，采用湿帘配合负压通风降温系统。

三、光照

生猪必须每天保持 8 h 80 lx 的照明；黑暗时，必须提供足够的用于猪定向的光照。同时所有猪舍无论使用什么样的照明设备，都需要备有手电筒，以备急用或夜间检查用。

第九章
湘村黑猪猪场废弃物处理与资源化利用

第一节　猪场废弃物处理及利用原则

近年来农业农村部持续推进标准化规模养殖，畜牧业发展成效显著，规模化水平、设施化装备水平和生产水平明显提高。但与此同时，畜禽养殖带来的环境污染问题也越来越突出，成为影响畜牧业持续发展的重要制约因素。

国家环境保护总局于 2001 年公布实施了《畜禽养殖污染防治管理办法》（国家环境保护总局令第 9 号），并相继颁布了《畜禽养殖业污染物排放标准》（GB 18596—2001）、《畜禽养殖业污染防治技术规范》（HJ/T 81—2001）。环境保护部（原国家环境保护总局）于 2009 年颁布了《畜禽养殖业污染治理工程技术规范》（HJ 97—2009），于 2010 年发布了《畜禽养殖业污染防治技术政策》（环发〔2010〕151 号）。许多省份也先后出台了畜禽养殖污染防治的有关规定。这些配套政策的出台将畜禽养殖污染防治工作列入了各级政府目标责任管理，极大地促进了畜禽养殖污染治理工作的开展。

第二节　粪污处理及利用模式

一、雨污分离

养殖场的排水系统应实行雨水和污水收集输送系统分离。场区内外设置污水收集输送系统，雨水收集后就近就地排放，畜禽污水则流入净化沼气池或化粪池内进行发酵处理。

二、干湿分离

畜禽养殖场采用水泡粪工艺。粪槽内的粪污定期排放到收集池,通过专用的切割防堵塞泵(以下简称专用泵)提升,用管道输送到固液分离机中进行固液分离,专用泵的扬程一般为 10～20 m,即从收集池底部到固液分离机的净扬程(高差加阻力损失)。固液分离机内设筛板,筛板材质为不锈钢材质,筛缝为 0.3～0.4 mm,配备清水自动反冲洗网系统,系统包括泵和移动式清洗喷头等。收集池内设有混合搅拌装置,防止粪污在池内淤积,造成专用泵输送出的是水、而粪未输出的现象发生。经固液分离机分离出的固形物进入调配池,污水进入沉淀池。分离出的固形物中固体质量含量为 8％～30％,通过测定水分蒸发后的质量来测定固形物中固体质量含量。

三、固体发酵物的制备

固液分离后的污水进入沉淀池,水中的细小颗粒沉淀形成污泥,利用沉淀池的污泥将调配池内的固形物调节为固体质量含量为 6％～12％的固体发酵物。连续搅拌厌氧反应罐内需要固体质量含量为 6％～12％的物料,水泡粪通过分离后的固体进调配池,沉淀池的污泥和水通过泵输送到调配池,保证尽量多的原料固体进入全混合厌氧反应器进行厌氧反应,减少固体进入后续升流式厌氧污泥床反应器的机会,因为升流式厌氧污泥床对水中的固体悬浮物浓度有要求,固体悬浮物浓度高的污水进入升流式厌氧污泥床容易造成升流式厌氧污泥床堵塞。

四、固体发酵物的厌氧发酵

将调节好固体质量含量的固体发酵物通过进料泵泵入厌氧发酵罐进行厌氧发酵,进料泵可以为切割泵、转子泵、螺杆泵等适合输送固体质量含量为 6％～12％的泵,固形物厌氧发酵采用连续搅拌全混合厌氧反应器厌氧发酵工艺,采用中温 33～37℃或者高温 53～57℃发酵,罐体有效容积除厌氧发酵周期即为每天的进料量,每天可分几次进料。厌氧发酵的周期一般为中温下 25～30 d,高温下 15～20 d。

全混合厌氧反应器发酵罐厌氧发酵后的沼渣、沼液需进行分离,沼液通过罐体上部的沼液溢流口进入沼液沉淀池，沼液中的细小颗粒沉淀形成污泥，沼渣通过罐体下部的排渣口进入沼渣沉淀池。沼液沉淀池内的沼液进入中间水池，沼液沉淀池内的污泥进入调配池。进入沼渣沉淀池后的沼渣需要再进行固液分离，沼渣沼液固液分离采用螺旋压榨机、离心机或带式压滤机。分离出的沼渣进行沼渣制肥，通过复配满足有机肥标准。

五、污水的厌氧发酵

沉淀池内的污水和沼液在中间水池中混匀，中间水池起到污水缓存的作用，中间水池内的污水通过泵提升进入升流式厌氧污泥床进行污水厌氧发酵。污水厌氧发酵可以采用升流式厌氧污泥床或升流式固体厌氧反应器。泵的压力为从中间水池底到升流式厌氧污泥床厌氧发酵罐的扬程（高差加阻力损失，再加升流式厌氧污泥床池布水器的阻力损失）。

六、肥水的利用

污水厌氧发酵后的肥水进入储存池，储存池内的肥水可以作为叶面肥喷施或者作为灌溉水的补充肥料进行施肥。

七、沼气的利用

将固形物厌氧发酵和污水厌氧发酵产生的沼气收集在一起，沼气可以净化后进入沼气发电系统发电供养殖场及周围使用，也可以净化后作为燃气使用。发电机产生的余热可以用来给罐体加热。

在水泡粪工艺流程中，水泡粪收集池和沼渣固液分离制取有机肥的工作厂房都设有负压吸气装置，实现了整个工艺流程中每个臭味的泄露点都设有负压吸气装置，可将臭气集中收集，实现了对整个工艺的臭味控制。

八、沼气的净化与提纯

沼气生产物甲烷主要经过净化和提纯两个步骤，净化是去除沼气中微量的有害组分，提纯是去除沼气中的二氧化碳，以提高燃气的适用性和热值。经过净化提纯的沼气，通常含有 $95\%\sim97\%$ 的甲烷和 $1\%\sim3\%$ 的二氧化碳，可以作为替代天然气使用。净化提纯技术的选择主要取决于原始沼气的组成和对目标产品的要求标准。各种杂质的影响见表 9-1。

表9-1 杂质的影响

杂质	可能的影响
水	与硫化氢、氨气和二氧化碳反应，引起压缩机、气体储罐和发动机的腐蚀；在管道中积累；高压情况下冷凝或结冰
粉尘	在压缩机和气体储罐中沉积，并堵塞管道
硫化氢	引起压缩机、气体储罐和发动机的腐蚀；沼气中硫化氢达中毒浓度（$>5\ cm^3/m^3$）；燃烧产生二氧化硫和三氧化硫，溶于水后引起腐蚀；污染环境
二氧化碳	降低沼气热值
硅氧烷	燃烧过程中形成二氧化硅和微晶石英；在火花塞、阀和汽缸盖上沉积，造成表面磨损
卤代烃类化合物	燃烧后引起发动机腐蚀
氨气	溶于水后具有腐蚀作用
氧气	沼气中氧气浓度过高容易爆炸
氮气	降低沼气热值
氯离子和氟离子	腐蚀内燃机

第十章
湘村黑猪开发利用与品牌建设

第一节　湘村黑猪品种资源开发利用现状

　　湘村高科农业股份有限公司建有生态示范养殖场、肉制品加工厂、饲料加工厂、动物保健品公司和销售运营中心等 20 多个生产或经营子单元。其中，规模猪场常年存栏生产母猪的规模为 1.75 万头，年出栏湘村黑猪 36.6 万头。湘村黑猪饲料加工厂 1 个，年生产能力 12 万 t。湘村黑猪肉制品加工厂 3 个，分别位于湖南省长沙市、娄底市和江苏省南京市，年加工能力达 5 000 t 以上。兽药分装厂位于湖南省湘潭市经济开发区。2016 年 10 月，公司出资 1 000 万元，成立了湖南湘村黑猪动物保健品有限公司，目前已成功研发并生产出了多类型产品，其中研制的 5 大类 30 个热销产品和冷鲜肉成功进入山姆会员店和我国香港市场。

　　公司于 2010 年 10 月通过 ISO9001 和 ISO14001 国际质量体系认证，拥有"湘村黑猪"著名商标和良好的品牌形象；通过了瑞士良好农业规范认证。湘村黑猪产品于 2011 年 1 月获农业部农产品质量安全中心颁发的无公害农产品质量证书；2012 年 6 月，公司与湖南湘体运动员健康食品科技开发有限责任公司签订了运动员食品基地合作合同书；2012 年 9 月，公司获准"对外贸易经营者备案登记"；2012 年 12 月，湘村黑猪（生猪）获有机产品认证证书；2012 年 12 月，湘村黑猪（活大猪）获中华人民共和国出入境检验检疫出境动物养殖企业注册证；2013 年 1 月，公司生产的湘村黑猪冷鲜肉获准配送全国人民代表大会机关食堂；2013 年 4 月，湘村黑猪冷鲜肉获准配送湖南省人民代表大会机关作为干部职工的专供肉。2013 年，湘村黑猪被农业部

（农办科〔2013〕12 号）列为全国 4 个生猪主导品种（杜洛克猪、长白猪、大白猪、湘村黑猪）之一；2014—2016 年，农业部再次将湘村黑猪推介为全国主导品种。

近年来，湘村高科农业股份有限公司以优良品质的湘村黑猪为产品依托，以国家级新品种为品牌依托，实施品牌营销战略，迅速占领了全国多个高端消费市场，开拓了农贸市场专营店、品牌店、礼品渠道，入驻餐饮酒店和高端连锁超市，成功进入上海、深圳、天津、福州、杭州、南京、石家庄和长沙、株洲、湘潭等中心城市。自 2010 年以来，其在全国部分一线城市和其他大中城市共建立了湘村黑猪专卖店 500 余个。实行品牌销售，每千克鲜肉平均价格为 79.6 元。1 头 100 kg 体重的商品猪屠宰销售后可获利润 1 200 多元，比同等重量的外三元商品猪多盈利近 500 元。2015 年 7 月 15 日，随着第一批供港黑猪的启程，湘村高科农业股份有限公司成为内地第一家黑猪出口香港的企业。在香港市场，湘村黑猪冻肉每吨价格达 5.2 万元，比外三元商品猪的冻肉每吨高 2 万元。2016 年，湘村黑猪更是光荣入选"2016 中国自主品牌百佳"。目前，湘村高科农业股份有限公司正依托湘村黑猪"卓尔不群的品质、返璞归真的风情"，将打造"湘村的猪，儿时的味"之独树一帜上市品牌，同时，正进一步加大对湘村黑猪品牌发展的建设和宣传力度，通过不断的技术进步和服务转型，成功生产出了符合社会需求的品牌产品。目前，湘村高科农业股份有限公司拥有全资子公司 6 家，2016 年 2 月，湘村高科农业股份有限公司在新三板挂牌交易，成为娄底市第一家本土的农业板块上市企业。

目前，湘村高科农业股份有限公司年增产值 60 亿元、创利润 8 亿元，具有显著的经济效益和社会效益，从而带动了广大养殖户增产增收，推动了湘村黑猪养殖业的可持续发展，有效促进了湖南省养猪业生产水平的提高和特色养猪产业的发展，尤其为湘中丘陵山区养猪业的发展开辟了一条新路。

第二节　湘村黑猪主要产品加工及产业化开发

湘村黑猪产业化开发的总体目标是，坚持以先进的科技手段为先导，以突出地方特色、打造优质品牌为突破口，以龙头企业的示范带动为载体，逐步建立起品种培育、繁育推广、商品猪示范养殖、屠宰分割、产品加工、肉制品生产、物流配送、终端销售、饲料生产与兽药分装以及配套技术服务有机结合的完整的湘村黑猪产业开发链条，做我国黑猪产业化的倡导者。

湘村高科农业股份有限公司致力于承延我国本土保护稀缺农业资源，用先进科学技术打造从养殖到餐桌的全产业链体系，在加工过程中，严格按照5S标准（整理 SEIRI、整顿 SEITON、清扫 SEISO、清洁 SETKETSU、素养 SHITSUKE）进行内部管理，加工流程达到 HACCP 标准，所有产品均进入溯源系统，可采用多种方式查询；产品全部达到国际生鲜专业卖场标准。湘村黑猪为我国黑猪的产业升级起到了示范和先导作用，不断为消费者提供安全健康的肉食制品和高品质的生活享受。

湘村黑猪产品加工采取"1托N"的模式，即以明星产品托起湘味加工制品、炼制猪油、速食食品和私人定制产品。明星产品通过大型超市和品牌店专柜销售，依此树立品牌；湘味加工制品主要面向高铁站、各大超市销售；炼制猪油通过批发分销方式，走农村经销和社区店经销的渠道；速食食品主要面向年轻消费群体和互联网销售渠道；私人定制产品主要针对高端消费群体。

湘村黑猪现有产品见表 10-1。

表 10-1　湘村黑猪现有产品

序号	产品名称	单位	销售网络情况
1	湘村黑猪商品猪	万头	①长沙地区（长沙林宏食品商贸有限责任公司、百果园生态农庄、湖南湘村食品销售公司等）；②广州地区（广州恒之康食品销售公司、广州黑嘟嘟生猪贸易公司等）；③北京地区（北京湘村高科生态农业公司等）；④娄底地区（各专卖店、湘村品牌运营中心等）
2	湘村黑猪种母猪	头	娄底、长沙、邵阳、衡阳、郴州等地区
3	湘村黑猪种公猪	头	娄底地区
4	加工冷却（鲜）肉	t	①湖南湘村食品销售公司（家润多、通程、步步高、大润发、家乐福、精彩生活、大华九九、人人乐等高端商超）；②北京湘村高科生态农业公司（翠微、易初莲花、乐天玛特、物美、新世界等高端商超）
5	深加工肉制品	t	娄底、长沙
6	等外品黑猪	头	娄底地区（定点屠宰场、个体屠商）

（一）构建多层次的产品体系

湘村黑猪多层次的产品体系应以冷却（鲜）肉和加工制品两大系列为主。

1. 冷却（鲜）肉系列　冷鲜肉在较长时间内都是湘村黑猪的主要产品。冷却（鲜）肉按部位分割可分为极品黑猪肉、珍品黑猪肉及高档黑猪肉等种类。

2. 加工制品系列　仍要坚持极品、珍品与高档理念，深化加工升值，立足于不断开发新产品，谋求加工效益。主要加工产品有：定量小包装肉、半成品菜肴（家庭微波食品）、风味香肠系列、火腿肠系列、中式腌腊肉系列、休闲食品、旅游食品、包装礼品等。除了注重发展猪肉制品加工外，还应注重副产品和衍生产品的开发。

（二）推行差异化的价格战略

湘村黑猪精深加工产品究竟如何定价，必须经过深入的市场调查并结合目标市场消费者群体的收入状况、需求强度和营销成本等诸多因素科学确定。但是，对不同的目标市场，不必实行均等化或一致化的产品售价，而可考虑推行差异化定价。也就是说，即使是相同的产品，在长沙市场是一种价格，而在另外的城市则可能推行另一种水平的价格，如在北京、上海、广州、香港等市场的价格则可能比长沙市场要稍高些。此外，相同产品在不同的销售窗口，其卖价也可存在一定差异，如宾馆酒楼的售价就可能稍贵于专卖店的售价，但在同一城市市场的类似窗口上，价格则必须一致化。

（三）坚持黑猪产品的中、高端定位

在湘村黑猪精深加工产品市场推广过程中，严格遵守中、高端市场定位，即中高收入阶层、中高档次消费场所、高品位礼品。坚持原则，循序渐进，不急于求成。对湘村黑猪产品实行严格定点专供，讲究销售场所的规格与品位，销售窗口着眼于中高档宾馆酒楼、专卖店与中高档卖场三种类型。从空间上讲，则主要集中于经济繁荣、高收入人群集中的一、二线城市，即直辖市、特区城市、省会城市、重要区域性中心城市，以及部分沿海经济发达地区的三线城市。

（四）拓展黑猪产品的市场空间

从本质意义上讲，不断拓展的市场需求是湘村黑猪产业成长壮大的首要条

件，由于湘村黑猪产品定位于中、高端市场，市场拓展主要表现为不断地进入新的中心城市。湘村黑猪必须走出湖南，走向全国，走向海外。对湘村黑猪产品的市场空间拓展，应该在充分调研的基础上，有计划有步骤地进行，应主要关注目标市场消费者的接受意愿，而不必拘泥于市场空间距离的远近。

（五）建立湘村黑猪市场的产销联盟

湘村黑猪产品要走向市场，必须借助各地有影响的流通企业或营销机构（主要是大型连锁性的零售集团和酒店集团），通过与其建立产销联盟，利用其旗下的连锁网络将湘村黑猪产品成规模地推向特定区域市场。湘村黑猪合作的流通机构应在当地具有领先优势与规模优势，其中具全国性连锁性质的高星级酒店集团与大型超市集团应为首选。产销联盟可先在长沙进行，合作对象建议首选华天酒店集团或友谊阿波罗集团，取得成效后再向全国推行。

（六）商业模式创新

"湘村鲜到"是湘村黑猪品牌旗下的住宅配送服务平台，于2016年12月开始试运行。只要消费者动动手指，关注"湘村鲜到"微信服务号，4℃冷鲜的湘村黑猪肉就会在3h内被配送到消费者的家中。"湘村鲜到"让消费者更方便地尝到了湘村黑猪肉的美味。

（七）全产业链打造

全产业链是以消费者为导向，从产业链源头做起，严格控制产、供、销每一个环节，实现食品安全可追溯，形成安全、营养、健康的食品供应全过程。湘村黑猪的全产业链要从源头抓起，抓好育种、养殖、屠宰、加工、销售、物流、品牌推广等每一个环节，全产业推向市场。进一步加强绿色基地认证和绿色产品、有机产品认证工作，形成安全、营养、健康的食品从田间到餐桌的全产业链贯通，保证质量、安全和原生态。向基地农户提供种公猪精液、人工授精技术和生态养殖、疫病防控综合配套技术等，制定湘村黑猪营养与饲养标准，开发专供饲料，统一收购并进行屠宰深加工，延长产业链条。

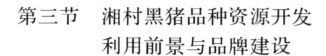
第三节　湘村黑猪品种资源开发利用前景与品牌建设

湘村黑猪产业未来发展目标：以充分利用农业农村部发布的主导品种为契机，将全国划分为东北、华北、华东、中南、西南和西北六大区域，由湘村高科农业股份有限公司总部控制供应湘村黑猪种源，统一养殖和生产标准，实施分区管理，在全国各地按照一、二线城市就近原则建立湘村黑猪商品猪示范养殖场，分别满足各个一、二线城市市场的产品销售需要。

一是牢固树立"以质量赢市场、以科技促发展、以管理创效益"的经营思想，坚持"品质、品位、品德、品牌"的名牌发展战略，努力打造驰名品牌。通过加强湘村黑猪品牌的开发、创建和保护意识，对湘村黑猪品牌进行价值评估，并注入新的文化元素、科技元素，大力实施品牌战略，将实施名牌发展战略作为增强湘村黑猪产业核心竞争力的关键。从养殖到产品加工与销售各环节，严格实行全过程、规范化、标准化管理，按照良好农业规范、良好生产规范的要求制定各环节的管理标准和制度，确保产品的优良品质；围绕树品牌、保品牌、促品牌、强品牌，营造产业良好发展环境。

二是采用多种方式和渠道扩大湘村黑猪产品在国内的市场份额。2017年，湘村高科农业股份有限公司在相继与永辉、山姆会员店、麦德龙等高端超市渠道深度合作后，又积极拓展互联网、新零售领域，先后与盒马鲜生、京东7FRESH、永辉超级物种、本来生活、步步高云猴、每日优鲜等展开战略合作，是国内率先全面进驻各大新零售领域的黑猪品牌。同步建立湘村高科农业股份有限公司网络平台，发布产品信息，实现网上订货销售。2017年营业收入 6.2 亿元，同比增长 15.96％；创造利润 1.2 亿元，同比增长 21.16％。

三是根据自身产品的优势，进一步扩大自营出口权。依托湘村黑猪的地方特色与品质优势，拓展港澳市场，使产品占领港澳市场的一定份额，并逐年巩固和扩大港澳市场份额。至 2017 年年底，已出口几万头，质量安全有保障。湘村黑猪品牌凭借"鲜活、绿色、有机"的特点，已成功站稳了香港农产品高端市场，成为"湘品出境"工程的又一特色农产品。

第四节　前沿研究与展望

我国地大物博、物种资源丰富，仅地方猪国家级保护品种就有 34 个。在以国外猪种为主流生产的养猪模式下，地方猪种由于生长速度慢、瘦肉率低等劣势而难以形成良好的经济效益，所以大多数地方猪种的市场占有率极低，都需要政府拨款扶植予以保护。所以，相对而言湘村黑猪产业的产业化优势就凸显了出来。湘村黑猪具有生长速度快、瘦肉率高、抗病力强、耐粗饲和本地猪种的口感风味好、肉脂比例适中等优势。特别是分子精准选种的性能测定与 BLUP 遗传评估和场际间基因交流等生物育种能力建设，进一步提升了湘村黑猪种质资源优势、种群规模优势和育种体系优势，从而形成了猪种资源基础稳定、产业技术基础坚实、产业化基础牢固的优势产业地位。

一、加大科技研发力度，开展品种持续选育

开展品种持续选育、进一步完善和规范选育体系是必须长期坚持的工作，只有繁殖性能、育肥性能、胴体性状和肉质品质等多项指标得到持续稳步提升，才能使湘村黑猪的肉品品质持续处于国内领先水平。

二、迅速扩大产能规模

尽快完成核心育种场、扩繁场和示范养殖场的建设任务；对原有养殖场进行以完善养殖设施为主要内容的改造提升，以保障养殖生产的正常运行和生产能力的稳步提高；继续巩固好"公司＋合作场＋合作社（农户）"的产业化组织模式，充分发挥公司的龙头带动作用，建立互利双赢机制，促进湘村黑猪养殖规模的不断扩大。

三、完善产业链条

在建设种猪育种场、商品猪示范养殖场，扩大产能规模的基础上，同时建设科研中心、饲料加工厂、兽药分装厂，特别是肉制品深加工厂等产业环节，完善产业链条，提升企业形象，发挥预期效益，为成功申报国家级农业产业化重点龙头企业打下坚实的基础，以提高湘村高科农业股份有限公司在国内国际市场的竞争实力。

四、丰富产品结构，开拓产品市场

不断开发冷、热鲜肉精品，满足高端市场需求；长沙食品加工厂要研发出20个以上的湘味产品；娄底湘村黑猪食品加工厂要紧紧依托南京农业大学的技术优势，以及"国家肉品质量安全控制工程技术研究中心""中美食品安全联合研究中心""教育部肉品加工与质量控制重点开放实验室"等这些国字号招牌，将湘村黑猪肉产品打造成高品位、高品质的市场新宠；实施"五点三面"的市场拓展战略，即以长沙、北京、上海、广州、深圳为五大核心市场，带动长三角、珠三角及环渤海等高消费水平市场，并充分发挥其辐射功能，力争在3～5年的时间里逐步形成国内肉食品消费市场新格局。

五、强力推进品牌建设

品牌市场化是农业企业的出路，湘村高科农业股份有限公司在杨文莲的带领下，从2011年开始，从长沙发力，建立城市品牌运营中心，开始了以"打造中国高品质猪肉第一品牌"愿景为引领的"五点三面"的市场布局，组织、培养专业团队，制定独特的营销模式，迅速占领中国高消费力城市，湘村黑猪产品深受消费者青睐。目前湘村黑猪的生产能力与年出栏量均位列全国黑猪行业第一位，活大猪出口香港，湘村高科农业股份有限公司是内地目前唯一供港黑猪企业，湘村黑猪产品与山姆会员店实现了战略合作。

要继续下功夫做好品牌的策划、传播和维护工作，着力开发商超客户、专业客户及拓展礼品团购等多种营销渠道，结合对新产品的研发和推广力度，加大广告投放力度，提升品牌价值，带动产品销售。

六、注重环保，促进协调发展

良好的生态环境是实现可持续发展的重要基础，保护生态环境就是保护生产力。要通过不断学习和引进猪粪有机肥加工、废水无害化达标处理和沼气能源化利用等国际国内先进工艺和技术，促进新建示范基地粪污处理工程的高质量建设和高效率运行，为探索规模化养猪生产与环境保护的协调发展提供经验和典范。

七、知名品牌助力湘村黑猪

湘村黑猪"品种、品质、品牌"三位一体，先后通过ISO9001国际质量体系认证、ISO14001 国际质量体系认证、欧盟麦咨达认证、有机产品认证等多项严苛的国内外质量认证。湘村高科农业股份有限公司是中国黑猪唯一一个通过通用公证行的全球良好农业操作认证的生产企业，享有全球良好农业操作认证。湘村高科农业股份有限公司总资产逾 15 亿元，实现年销售收入过 4 亿，利润超过 0.7 亿元。湘村高科农业股份有限公司走出了一条"资本＋品牌""互联网＋农业"的发展道路。

2016 年湘村黑猪获得"2016 年全国自主品牌 100 佳"称号；2018 年湘村高科农业股份有限公司被评为全国出口猪示范企业；在 2019 生猪产业发展高峰论坛暨新农业与新零售产品对接会上，湘村高科农业股份有限公司与国内新零售巨头永辉超市、盒马鲜生签订了战略合作协议，两大巨头将会充分调动优势资源，全力助推湘村黑猪成为我国高品质猪肉领导品牌；预计到 2023 年，湘村高科农业股份有限公司将形成年出栏黑猪 100 万头以上的生产规模，将在品质及产能上持续领跑世界黑猪产业。

参 考 文 献

陈光俊，2011. 育肥猪的饲养管理 ［J］. 畜牧与饲料科学，32（7）：69-71.

程亦先，2017. 保育猪饲养管理关键技术 ［J］. 现代农业科技（10）：236，239.

龚赐成，彭志豪，崔清明，等，2019. 中小养殖规模条件下湘村黑猪养殖技术要点 ［J］.
　　猪业科学（1）：96-97.

龚团莲，2014. 湖南黑猪养殖技术 ［J］. 畜牧与饲料科学，35（4）：93-95.

何田华，叶建平，宋泽文，2010. 浅谈猪场的选址与布局 ［J］. 黑龙江畜牧兽医（2）：32.

贺勇，2011. 天源高科给力湖南黑猪产业发展 ［J］. 湖南农业（7）：6.

胡百文，刘建，杨文莲，等，2014. 湘村黑猪选育中的疫病防控措施 ［J］. 广西畜牧兽医
　　科技，39（6）：47-49.

江碧波，2013. 湘村黑猪生长期能量及蛋白质需要研究 ［D］. 长沙：湖南农业大学.

江碧波，禹琪芳，姚爽，等，2014.2 种方法估计 10～20 kg 湘村黑猪能量需要量 ［J］. 动
　　物营养学报，26（8）：2335-2341.

李江长，邹云，贺建华，2012. 湖南黑猪养殖现状调查与开发利用对策研究 ［J］. 湖南畜
　　牧兽医（3）：27-29.

刘建，龚朝霞，陈瑞丰，等，2014. 浅析保障畜牧业安全生产的对策——以湘村黑猪产业
　　为例 ［J］. 养殖与饲料（10）：18-19.

刘建，李静如，朱吉，等，2012. 湘村黑猪毛色遗传的探讨 ［J］. 养猪（3）：60-61.

刘建，李静如，朱吉，等，2013. 湘村黑猪新品种选育研究 ［J］. 养猪（4）：73-80.

刘建，李静如，朱吉，等，2014. 运用函数模型拟合湘村黑猪生长曲线的探讨 ［J］. 养猪
　　（3）：75-76.

刘建，杨文莲，胡百文，等，2014. 湘村黑猪的饲养管理技术 ［J］. 猪业科学（10）：128-
　　129.

刘建，杨文莲，胡百文，2015. 湘村黑猪繁殖性能的遗传效应分析 ［J］. 猪业科学，32
　　（3）：131-132.

刘建，杨文莲，刘国荣，等，2016. 巴克夏猪与湘村黑猪正反交后代胴体、肉质性状对比
　　分析 ［J］. 养猪（5）：52-54.

刘建，朱吉，彭英林，等，2015. 按家系分组湘村黑猪的繁育性能分析 ［J］. 养猪（6）：

50 - 56.

刘刘，宋立，邓良伟，2011. 我国规模化养殖场粪便污水处理利用现状及对策 [J]. 猪业
　　科学（6）：30 - 33.

龙田泗，2016. 娄底"湘村黑猪"入选中国自主品牌百佳 [J]. 湖南畜牧兽医（6）：50.

马国林，2013. 猪营养饲料的配制及饲养新法 [J]. 养猪（1）：77 - 78.

毛寿林，2011. 湖南黑猪哺乳母猪的饲养管理 [J]. 养殖与饲料（10）：11 - 12.

彭英林，杨文莲，李静如，2015. 湘村黑猪新品种选育及推广 [J]. 中国科技成果
　　（20）：54.

彭英林，朱吉，邓缘，等，2014. 湘西黑猪种质特性保护与开发利用现状 [J]. 猪业科学
　　（11）：130 - 131.

孙建帮，刘建，李静如，等，2012. 湘村黑猪的肉质特性研究 [J]. 养猪（5）：63 - 64.

孙振欣，2016. 保育猪的饲养管理要点 [J]. 当代畜禽养殖业（4）：11.

唐耀平，2012. 规模化猪场建设与管理 [M]. 北京：中国农业大学出版社.

王美凤，2010. 保育猪饲养管理技术 [J]. 现代农业科技（4）：348 - 349.

谢菊兰，孙宗炎，李静茹，等，2008. 湖南黑猪种质特性及开发利用 [J]. 养猪（3）：
　　33 - 34.

杨永生，2013. 日粮营养因子对湘村黑猪营养生理效应研究 [D]. 长沙：湖南农业大学.

杨永生，谢红兵，刘丽莉，等，2013. 湘村黑猪各阶段营养需求参数研究 [J]. 畜牧兽医
　　学报（9）：1400 - 1410.

张乐同，周伟国，2016. 水泡粪工艺制沼气及沼气的净化提纯 [J]. 上海煤气（1）：5 - 10.

赵晋元，2015. 猪的饲养技术 [J]. 农业与技术，35（16）：191.

朱吉，刘建，罗璇，等，2016. 湘村黑猪世代繁育性能分析 [J]. 养猪（2）：57 - 59.

朱吉，刘建，孙建帮，等，2012. 湖南黑猪 CMYA5 基因与肌肉品质的相关性分析 [J]. 湖
　　南农业大学学报，32（3）：10 - 13.

朱吉，孙建帮，谢菊兰，等，2011. 湖南黑猪 RBP4 基因与产仔数的相关性分析 [J]. 家
　　畜生态学报，32（3）：10 - 13.

朱吉，谢菊兰，刘建，等，2016. 巴克夏猪与湘村黑猪正反交后代肉质性状及肉品成分对
　　比分析 [J]. 养猪（4）：57 - 59.

图书在版编目 (CIP) 数据

湘村黑猪 / 彭英林，杨文连主编 . —北京：中国
农业出版社，2020.1
（中国特色畜禽遗传资源保护与利用丛书）
国家出版基金项目
ISBN 978 - 7 - 109 - 26743 - 5

Ⅰ.①湘… Ⅱ.①彭… ②杨… Ⅲ.①养猪学 Ⅳ.
①S828

中国版本图书馆 CIP 数据核字（2020）第 054585 号

内容提要：本书详细介绍了湘村黑猪品种起源与形成过程、品种特征和性能、品种保
护、品种繁育、营养需要与常用饲料、饲养管理技术、疫病防控、猪场建设与环境控制、
废弃物处理与资源化利用以及开发利用与品牌建设等内容，具有较强的实用性和可操作性，
可为湘村黑猪养殖场（户）和相关技术人员参考和借鉴。

中国农业出版社出版

地址：北京市朝阳区麦子店街 18 号楼
邮编：100125
责任编辑：周晓艳
版式设计：杨 婧 责任校对：赵 硕
印刷：北京通州皇家印刷厂
版次：2020 年 1 月第 1 版
印次：2020 年 1 月北京第 1 次印刷
发行：新华书店北京发行所
开本：720mm×960mm 1/16
印张：9 插页：2
字数：150 千字
定价：66.00 元

版权所有·侵权必究

凡购买本社图书，如有印装质量问题，我社负责调换。

服务电话：010 - 59195115 010 - 59194918

彩图1 湘村黑猪公猪

彩图2 湘村黑猪种公猪

彩图3 湘村黑猪母猪

彩图4 湘村黑猪后备母猪

彩图5 湘村黑猪种母猪（A和B）

彩图6 湘村黑猪成年母猪

彩图 7　湘村黑猪后备猪生态放养（A 和 B）

彩图 8　湘村黑猪育肥猪

彩图 9　湘村黑猪猪群（A 和 B）

彩图 10　湘村黑猪胴体现场测定

彩图 11　湘村黑猪猪肉产品深加工

彩图12　武汉种猪测定中心专家现场测定

彩图13　农业部全国畜牧总站李希荣站长和全国知名猪育种专家王爱国教授视察湘村高科农业股份有限公司

彩图14　项目推进会在湘村高科农业股份有限公司召开

彩图15　湘村黑猪选育技术交流会

彩图16　法国养猪企业代表访问湘村高科农业股份有限公司

彩图17　湘村黑猪新品种现场审定专家

彩图18　盒马鲜生联手湘村高科农业股份有限公司

彩图19　永辉超市联手湘村高科农业股份有限公司

彩图20　彭英林研究员在现场测定

彩图21　彭英林研究员出席湘村黑猪"863项目"启动会

彩图23　两位主编在选育现场

彩图22　彭英林研究员在查看湘村黑猪

彩图24　杨文莲董事长在测定舍指导选育

彩图25　杨文莲董事长和专家们在现场指导湘村黑猪生猪养殖

彩图26　畜禽新品种证书

彩图27　湖南省科学技书进步奖二等奖证书

彩图28　农业产业化国家重点龙头企业证书